螺旋藻多糖高产新技术

汪志平　著

浙江大学出版社

图书在版编目（ＣＩＰ）数据

螺旋藻多糖高产新技术 / 汪志平著. -- 杭州：浙
江大学出版社，2018.9
ISBN 978-7-308-16268-5

Ⅰ．①螺… Ⅱ．①汪… Ⅲ．①螺旋藻属－藻类养殖

Ⅳ．①S968.4

中国版本图书馆CIP数据核字（2016）第233511号

螺旋藻多糖高产新技术

汪志平　著

责任编辑	季　峥（really@zju.edu.cn）
责任校对	张　鸽
排　　版	杭州兴邦电子印务有限公司
封面设计	林　智
出版发行	浙江大学出版社
	（杭州市天目山路148号　邮政编码310007）
	（网址：http://www.zjupress.com）
印　　刷	绍兴市越生彩印有限公司
开　　本	710mm×1000mm　1/16
印　　张	12.25
字　　数	192千
版 印 次	2018年9月第1版　2018年9月第1次印刷
书　　号	ISBN 978-7-308-16268-5
定　　价	49.00元

浙江大学出版社市场运营中心联系方式：0571-88925591；http://zjdxcbs.tmall.com

序

　　螺旋藻 *Spirulina*（节旋藻 *Arthrospira*）是 20 世纪 70 年代以来，国内外备受关注、研发不断深入、当前产业化规模最大的经济微藻。螺旋藻作为食品新资源，已被联合国粮农组织（FAO）和世界卫生组织（WHO）分别誉为"21 世纪最理想的食品"和"人类 21 世纪最佳保健品"。随着国内外螺旋藻研究工作的日益深入，其应用领域已从当初的营养食品和医药保健品，扩大到饲料、精细化工产品、环境治理和新能源开发等领域，展现了广阔的应用前景。

　　该书编著者及其团队，自 20 世纪 90 年代以来一直致力于将核技术与相关生物技术应用于螺旋藻种质创新和开发利用等研究，在建立较系统、完善的螺旋藻诱变育种理论与技术方法的基础上，先后育成了高产多糖等一系列品性兼优的螺旋藻新品系，并将其成功用于生物手性逆变、植物高光效机理等重大科学问题研究，以及螺旋藻产业转型升级、提质增效等生产实践。特别是在以种质创新为突破口，解决普通螺旋藻品种（系）多糖因含量低而严重制约其产业化应用这一难题上，做了开创性的探索与实践。这不仅有力推进了螺旋藻研究及其产业的发展，而且构筑了核技术与微藻生物技术交叉融合创新的成功典范。

　　糖类是生物体内担负着重要结构与功能的生物分子，目前人们对其的认识仍可谓"冰山一角"。但随着近年来"糖生物学"（Glycobiology）、"糖科学与技术"（Glycoscience and glycotechnology）、"糖工程"（Glycotechnology）、"糖生物工程"（Glycobiotechnology）、"糖组学"（Glycomics）等新兴学科的诞生与发展，相信糖类研究与开发应用，必将会在 21 世纪崭露头角。该书介绍了有关螺旋藻高产多糖种质创新、培植模式、制备工艺等方面原创性工作，对推进生物糖类的研究与应用具有一定的指导作用。

　　希望该书的出版发行，对推动螺旋藻及糖类等研发，能起到事半功倍的作用。愿螺旋藻为人类的生存与健康做出更大的贡献！

中国科学院院士

陈子元

2017年8月

前　言

螺旋藻 *Spirulina*（节旋藻 *Arthrospira*）是一种喜温、喜光、生长于高盐碱水域、光合放氧的原核丝状蓝藻。自世界第一个螺旋藻大规模培植基地于1974年在墨西哥塔克斯科科湖（Texcoco Lake）建成之后，螺旋藻很快风靡全球，并形成了庞大的产业，使螺旋藻成为当前国内外研究与开发利用规模最大的经济微藻。组成与结构独特的多糖，是螺旋藻中重要的生物活性成分，对癌症、艾滋病、肝炎等多种疾病具有明显的预防和辅助治疗作用。但因生产上所用的普通螺旋藻品种（系）的多糖含量普遍较低（≤5%），且受培植环境的影响也较大，致使螺旋藻多糖的提取率低、制备成本高、难以产业化。

种质资源对农业与生物产业的发展是至关重要的。一个优良新品种的诞生和推广应用，往往会给其产业带来革命性的发展。针对上述难题，编著者及其团队成员自1994年以来，利用核诱变技术与相关生物技术，开展了长期的螺旋藻诱变种质创新与开发利用研究，先后育成了如多糖含量高达30%的螺旋藻新品系、藻丝超长的高产螺旋藻新品系、高产藻胆蛋白的螺旋藻新品系等20余个品性兼优的螺旋藻新品系，并实现大规模培植生产与产业应用。同时，对螺旋藻高产多糖的分子遗传与生理生化基础、营养与环境调控因子、培植模式与制备工艺、抗肿瘤功效，以及在水产与畜禽养殖上的应用等方面，均做了较系统的研究。这为当前国内外螺旋藻产业深入至以高产多糖功能新品系为引领的研发层面，奠定了基础。

本书共分20章。前4章概述了螺旋藻的形态学、分类学、开发利用、种质创新等状况，以及螺旋藻多糖的生物合成、制备技术、生物学活性等研究进

1

展;第5～18章系统地介绍了基于核诱变技术与相关生物技术,开展螺旋藻诱变种质创新研究所建的理论与技术方法,包括出发品系确立、诱变材料制备、诱变处理、突变体筛选、分子遗传学鉴定等;第19、20章具体介绍了高产多糖螺旋藻新品系的产业化关键技术与应用。

本书可供从事螺旋藻等经济菌藻类、中药材、生物活性多糖等种质创新与研发的科技人员选用,也可作为高等院校生物、农业、医药等专业的参考用书。

本书在编著过程中参考和引用了许多相关文献资料,并编排于书的最后,在此一并向所有文献资料作者致以衷心的感谢。同时,感谢国家自然科学基金项目、国家科技创新基金项目、国家星火计划项目、公益性(农业)行业科研专项、浙江省自然科学基金项目、浙江省科技计划重点项目等,对本书研究与开发工作的宝贵资助。

衷心感谢团队成员徐步进教授、崔海瑞教授、赵小俊老师,以及李晋楠、马美萍、曹学成、刘艳辉、何英俊、李雷斌、杨灵勇、陈晓燕、李雪斌、黄晖、张巧生、潘剑用、董丹丹、谢彦广、王芳、蓝瑾瑾、王景梅、邵斌、刘新颖、于金鑫等同学所做的大量工作。同时,感谢浙江大学原子核农业科学研究所陈子元院士、华跃进所长、叶庆富常务副所长、张勤争教授、谢学民教授、孙锦荷教授、吴美文教授、奚海福副教授等领导和老师的指导与帮助。特别感谢浙江大学出版社季峥老师,为本书的出版付出了辛勤的劳动。

由于水平所限,加之时间仓促,书中难免会有许多不足之处,衷心期待各位同仁和读者批评指正。

汪志平

2017 年 8 月 22 日于华家池

目　录

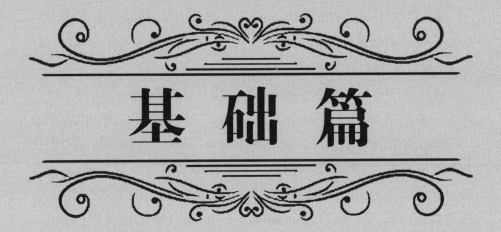

基础篇

第1章　螺旋藻的形态学、分类学及开发利用

1　螺旋藻的形态学与分类学

螺旋藻(*Spirulina*)和节旋藻(*Arthrospira*)均属蓝藻门(Cyanophyta)颤藻目(Oscillatoriales)颤藻科(Oscillatoriaceae)，是一种光合放氧的原核丝状微藻。因历史原因，这两个属在分类学上存有混淆[1,2]。

1827年，Turpin从淡水样品中首次分离到螺旋藻(*Spirulina* Turpin)[3]。到了1844年，Wittrock和Nordstedt等又报道了一种螺旋形的、细胞内具隔膜(Septa)的蓝藻，并命名为*Spirulina jenneri platensis*[1,2]。而Stizenberger[4]将这种具有隔膜的、呈螺旋形结构的蓝藻重新命名为节旋藻(*Arthrospira*)。Gomont[5]肯定了Stizenberger的研究，并根据光学显微镜下隔膜是否可见而将该类群划分成节旋藻属(*Arthrospira* Stizenberger)和螺旋藻属(*Spirulina* Turpin)，前者隔膜可见，而后者不可见。但Geitler[6]认为螺旋藻属也存在隔膜，只是由于藻丝直径非常小而难以观察到，因此将两个属合并为螺旋藻属，下设节旋藻亚属。Geitler的观点曾长期为学术界所接受，"钝顶螺旋藻"(*Spirulina platensis*)和"极大螺旋藻"(*Spirulina maxima*)等名称长期被使用并影响至今[7,8]。

值得注意的是，已有诸多研究表明，国内外在工厂化生产与商业化应用的藻种，事实上均属节旋藻，而非螺旋藻[9,10]。这一由历史原因造成螺旋藻和节旋藻两个属之间在分类学上的混乱与分歧，严重影响着它们的科学研究与产业化进程。目前，国内外较为普遍的观点是在产品和产业上因习惯原因仍用"螺旋藻"，或者在"螺旋藻"后加括号，内注"节旋藻"，即螺旋藻(节旋藻)；但在学术研究中则应采用已被广大学者普遍接受的"节旋藻"这一属名[8,12]。

本书除涉及有关分类学内容外,所述的"螺旋藻"实际上是指应用于产业化研发的"节旋藻"。

螺旋藻是一种由多细胞联结而成、不分枝的单列丝状蓝藻,正常生长条件下,藻丝体为墨绿色,呈疏松或紧密的、有规则的螺旋形或波浪形[12,13]。螺旋藻细胞壁由胶质鞘覆盖,胶质鞘包被细胞及整个丝状体。扫描透射电镜观察显示,螺旋藻的细胞壁由四层结构组成:最外层(L-Ⅳ)被认为类似于革兰氏阴性菌细胞壁;第三层(L-Ⅲ)可能是螺旋状缠绕着藻丝轴的纤维蛋白原;第二层(L-Ⅱ)为肽聚糖层;最内层(L-Ⅰ)为纤丝层,第二层与最内层共同形成分隔细胞的横隔膜。该隔膜部分折叠。折叠的数量与螺距成反比,折叠越多,螺距越小,反之亦然[1,14]。

不同地域或不同生长环境下的螺旋藻形态相差较大。如钝顶螺旋藻的细胞直径为$3.5\sim11\mu m$,螺旋直径为$20\sim100\mu m$。其中。多数藻丝体的螺旋比较规律、均匀,但也有中间紧凑而两端稀疏的;有些藻丝体的螺距短而紧密;有些则很松弛,整条藻丝体不过$2\sim4$个螺旋;有些甚至呈直线状[2,15]。即使是在相同的生长环境下,螺旋藻的形态也不尽相同。早在1931年,Rich在观察肯尼亚一个盐湖中的螺旋藻时,就发现多种形态的螺旋藻同时存在于湖中;Geitler[16]进一步指出这些不同形态的螺旋藻可能都属于同一个种。Bai等[17]曾描述了三种典型的螺旋藻形态,并指出这三种形态不是孤立存在的,它们会因光照强度和营养浓度的改变而从一种形态转变为另一种形态。另据报道,当培养温度升高和光照强度增强时,螺旋藻螺距可以变小;而在光密度很低的情况下,螺距可以很长,超过$100\mu m$[18]。已有研究表明,正常的螺旋藻藻株与直线形变异藻株在超微结构、生理生化以及遗传特征等方面都存在差异,而且直线形变异藻株在特定条件下会恢复到原来正常的螺旋形态[19]。Mühling等[20]在观察36株螺旋藻形态学特征时发现,当培养温度从30℃提高到32~34℃,并持续培养7d,有3株螺旋藻的螺旋形态发生逆转,从右手螺旋变为左手螺旋,其中有1株螺旋藻在正常的培养条件下连续继代培养一年以后,螺旋形态也发生逆转。同时,他们还发现剧烈的振荡培养也能使螺旋方向改变。

此外,张学成等[21]和崔海瑞等[22]采用不同浓度的化学诱变剂甲基磺酸乙酯来处理钝顶螺旋藻,发现藻丝体加长,螺旋数增多,并出现了多种形态的藻丝体。胡天赐等[23]、汪志平等[24,25]、周光正[26]、陈必链等[27]发现,γ射线、红外线、紫外线、激光等辐射也均可导致螺旋藻的正常形态发生较大的变异。这些研究结果表明,螺旋藻的螺旋形或波浪形的特征形态,在自发或诱发条件下均会发生改变。不仅许多实验研究报道过螺旋藻形态变异的现象,在国内外的大规模工厂化培植实践中,随着培育条件的变化,藻丝体形态也呈多种变化[28]。综上所述,螺旋藻形态的多形性是一种普遍现象,这给以形态学特征为主要依据的经典分类方法带来了困难,进而严重影响了螺旋藻的种质鉴定和保存,并制约着螺旋藻产业的进一步发展。因此,寻求并建立能有效区分该类群属、种、品系水平的标记就显得尤为迫切。

近年来,国内外已从脂肪酸组成[29,30]、蛋白质组成[13]等生理生化水平对螺旋藻的分类与鉴定做了一些有意义的探索。Nelissen等[9]、茅云翔等[8]、Ballot等[31]将有"生物进化分子钟"之称的16S rRNA基因序列用于该类群分类与鉴定,为纠正学术界长期以来有关该类群的分类观点,重新将螺旋藻和节旋藻划分开来奠定了分子遗传学基础。但需要进一步指出的是,越来越多的研究表明,16S rRNA基因序列更适合用于属间的分类,而在属内种间或品系间的水平,16S rRNA基因序列则过于保守[9,32,33]。Scheldeman等[34]和Baurain等[35]尝试将16S～23S rRNA转录间隔区(ITS)序列用于不同地域分布的螺旋藻间的分类研究,发现16S～23S rRNA ITS序列变异程度比16S rRNA基因序列的高,比较适合用于属内种间的分类。此外,李晋楠等[36]建立了基于RAPD(Randomly Amplified Polymorphic DNA,随机扩增多态性DNA)分子标记技术的螺旋藻分类与种质鉴定方法;杨灵勇等[37]和Zhou等[38]建立了基于藻胆蛋白棒状连接蛋白cpcHID操纵子序列的节旋藻品系分类与鉴定技术。

2 螺旋藻的开发利用

人类食用螺旋藻的历史可追溯到1521年。但直到1967年,比利时植物学家Leonard和Compere[39]在非洲乍得湖和墨西哥塔克斯科科湖对螺旋藻的重新发现以及对其化学组成的首次报道,才引起全球性的关注,从此揭开了螺旋藻大规模生产和商业化开发的序幕。到目前为止,国内外已发现该属至少有钝顶螺旋藻(*Spirulina platensis*)、极大螺旋藻(*Spirulina maxima*)、巨型螺旋藻(*Spirulina majar*)、盐泽螺旋藻(*Spirulina subsalsa*)和椭圆螺旋藻(*Spirulina fusiformis*)等38个种。它们大多生长于淡水或盐碱水中,仅有4种生长于海洋中[2,15,41]。当前国内外研究得较深入、并已大规模商业化生产与开发的主要为钝顶螺旋藻和极大螺旋藻2个种[2,39,41,42]。

众多研究与实践表明,螺旋藻不仅富含蛋白质(占细胞干重的60%～70%)等丰富的营养成分,而且所含的β-胡萝卜素、不饱和脂肪酸(如γ-亚麻酸)、多糖等多种生物活性物质[7,29,43～45],对癌症、艾滋病、肝炎、糖尿病、高血脂等多种疾病具有明显的预防和辅助治疗作用[42,46,47],因而被誉为"21世纪最理想的食品"和"人类21世纪最佳保健品"。30多年来,随着国内外螺旋藻研究工作的日益深入,其应用领域已从当初的作为营养食品和医药保健品扩大到饲料[48～50]、系列化妆品[51]、精细化工产品[52],以及环境治理和新能源开发利用[53～55]等方面,展现出广阔的应用前景。

此外,随着螺旋藻商业开发规模的不断扩大和产业化水平的逐渐提高,螺旋藻基础研究也在快速发展,并极大地推动着螺旋藻产业的进一步发展。螺旋藻虽然是原核生物,在细胞水平上具有类似于革兰氏阴性菌独特的遗传结构,却是目前光能利用率最高的生物之一(光能利用率高达18%～24%)[56]。同时,多数螺旋藻喜高温(32～45℃)、高碱(pH8.5～10.5)和高盐环境,能在高盐碱湖泊等不适合其他生物生存的极端环境下良好生长[42];某些螺旋藻品系具有很强的辐射抗性,γ射线辐射致死剂量达6kGy以上[25]。正是基于上述诸多特殊性,近年来螺旋藻已被广泛应用于光合作用、生物手性、植物进化、叶绿体起源及抗逆机理等重大生物学问题的研究[2,57～61]。

第2章　螺旋藻种质创新

种质资源对农业与生物产业的发展是至关重要的。一个优良新品种的诞生和推广应用往往会给其产业带来革命性的发展。螺旋藻产业作为一项新兴的生物产业，必须不断涌现生产上急需的优良新品种（系），才能为其提供新的发展机遇。高产优质螺旋藻新品种的选育，是当前国内外螺旋藻领域的重大研究课题之一，也是螺旋藻产业竞争的焦点之一。目前，螺旋藻新品系的选育方法主要有自然分离与驯化技术、原生质球（Spheroplast）的制备与再生技术、基因工程技术及诱发突变技术等。

1　自然分离与驯化技术

自然分离与驯化技术简单易行，但因藻株发生变异的概率较小，育种进程一般较慢。吴伯堂等[62]从淡水原种中分离筛选出钝顶螺旋藻优良品系SCS，该种经过海水驯化后，能在自然海水培养基中生长，具有适应高温和强光等生理特性。谭桂英等[63]通过逐级稀释法获得了不同形态大小的6株藻株，其中1株个体大、上浮性好、生长速度快、蛋白质含量高，并经海水驯化后能在海水中良好生长。Vonshak等[64]分离出3株钝顶螺旋藻，它们对高光强有良好的适应性，有望成为耐高光强的高产藻株。在螺旋藻产业化培植初期，国内外所用的藻种基本上为通过自然分离与驯化方法获得。

2　原生质球的制备与再生技术

植物原生质体（Protoplast）是遗传操作的有力工具，是育种工作中利用基因工程和诱发突变等现代高新技术对种质进行遗传改良的理想材料。其中，制备高质量且具再生能力的螺旋藻原生质球，对开展螺旋藻的分子遗传学和育种研究都是至关重要的。

1982年，Robinson等[65]首先提出了酶解制备钝顶螺旋藻(S. platensis)原生质球的方法。1989年，Lanfaloni等[66]对S. platensis原生质球的制备和再生进行了研究。他们先用1.5mol/L的NaCl溶液洗去藻丝表面的外鞘套，然后用溶菌酶进行酶解，再用牛血清蛋白梯度离心法从酶解液中分离出高纯度的原生质球。同时发现幼嫩细胞比老化细胞更适于制备原生质球，由幼嫩细胞制得的活性原生质球的再生率高达40%～70%，而由老化细胞制得的活性原生质球的再生率仅为10%～40%。1994年，Priya等[67]以甘露醇为渗透稳定剂，在pH6.8的磷酸缓冲液中用溶菌酶酶解藻丝28h，再用蔗糖密度梯度离心获得了原生质球，但对这种原生质球的再生率未做报道，可能是由于在甘露醇中酶解时间太长，受毒害而不一定能再生。1996年，彭国宏等[68]进一步证明甘露醇和高浓度的NaCl或KCl溶液(1.2mol/L以上，35℃)对螺旋藻均有伤害作用，可导致藻丝体大量断裂，并因在甘露醇浓度为0.5～1.5mol/L、溶菌酶浓度为0.5%～1%(m/V，下同)及pH为6～8的条件下做了多次实验均未能分离出原生质球，而对上述有关螺旋藻原生质球分离的报道产生了怀疑。此后，他们先用机械法将藻丝打断，后用酸性溶液洗去藻丝外层的胶状物(分离原生质球的主要障碍之一)，再在渗透稳定剂为0.8mol/L KCl的磷酸缓冲液中，用0.5%溶菌酶和1%果胶酶协同处理2～6h，获得了大量活性高达98%的原生质球，并对它们的光合作用特性做了研究，但也未报道其再生率。此后，郭后良等[69]进一步建立了更为合适的制备钝顶螺旋藻原生质球的方法：将材料培养4～5d，用500μg/ml青霉素预处理12h，再超声处理1min，转入0.1%溶菌酶的多盐溶液[含NaCl、KNO₃、(NH₄)₂SO₄各0.05mol/L的磷酸盐缓冲液]中，在28℃下酶处理4h后，约有80%的细胞转化为原生质球，形成密集的原生质球群。此外，秦松等[70]用超声波处理S. platensis藻丝制得了原生质球并再生成功，但此法因原生质球的得率太低而难以应用于遗传育种等研究。

总之，国内外在螺旋藻原生质球的制备和再生方面虽然做了一些工作，但到目前为止，尚不能稳定地制备出质量高且具再生能力的螺旋藻原生质球。

3 基因工程技术

基因工程技术是改良和创建生物技术良种的有力武器。有关螺旋藻的基因识别和克隆研究已取得了不少有意义的成果[71,72]。光合作用过程中固定CO_2的关键酶——核酮糖-1,5-二磷酸羧化酶(Ribulose-1,5-Bisphosphate Carboxylase)大亚单位和小亚单位的基因已被成功地从 *S. platensis* 中克隆出来,并在 *E. Coli* 中获得表达。Ge 等[73]已从螺旋藻中分离出别藻蓝蛋白(Allophycocyanin)基因,做了序列分析,并已通过构建融合蛋白的方式实现了在 *E. Coli* 中的高效表达。姜晓杰等[74]也成功从钝顶螺旋藻中克隆出获得原核高效表达的别藻蓝蛋白α和β亚基基因。同时,在螺旋藻质粒研究方面也取得了一些进展。Qin 等[75]已分别从 *S. platensis* S_6 和 F_3 藻株中分离得到2.40kb 和1.78kb 的 CCC(共价闭合环状)质粒。曹学成等[76]从螺旋藻中提取并纯化出基因组外 DNA。然而,至今还不能像对于高等植物那样,将基因工程这一先进技术应用于螺旋藻的品种改良,原因主要有三:① 螺旋藻完整的基因图谱尚未构建,对其整个基因组尚缺乏系统认识;② 还没有找到合适的限制性内切酶来对所发现的 CCC 质粒进行深入研究,也未发现该质粒的功能(隐秘型质粒),更未构建出理想的转基因载体;③ 尚不能制备出外源 DNA 易导入且具再生能力的原生质球。因此,利用基因工程技术创建螺旋藻生物技术良种的前景虽然十分诱人,但还需要大量的基础研究工作。

值得庆幸的是,国内外在将外源 DNA 导入螺旋藻细胞的方法上已取得了一些有意义的结果。Zeng 等[77]分别利用超声波处理和电击法将质粒pBR325 导入螺旋藻细胞内,并得到了表达。Kumar 等用溶菌酶和 EDTA 处理螺旋藻细胞,制得了能实现外源 DNA 导入且能再生成藻丝体的透性体(相对原生质球而言,残留更多的胞壁),并将 pRSFCmLx 质粒导入其中,获得了表达。Hiroyuki 等[78]发现螺旋藻中存有转座子(Transposable genetic element),并提出了先将外源基因整合到转座子上,再通过转座子的转座作用实现DNA 重组的新构想。

4　诱发突变技术

诱发突变技术是改良和创建生物技术良种的另一重要手段。国内外在螺旋藻诱变育种方面进行了较深入的研究,并已获得了一些有价值的突变体。由表1可见,物理诱变因子(γ射线、紫外线等)和化学诱变因子(EMS、MNNG等)均能使螺旋藻藻丝或细胞发生变异,产生高产、耐低温、耐盐、富含某种氨基酸或藻蓝蛋白、藻丝超长等的突变体。这些突变体不仅是基础理论研究的好材料,而且其中一部分也是应用于螺旋藻培植和深加工的理想品系。

表1　利用诱变育种技术获得的螺旋藻突变体

类型	特性	诱变因素	诱变材料	作者	参考文献
抗氨基酸类似物的突变体(约300株)	对氨基酸类似物有抗性,某些氨基酸含量增加,抗盐	1-甲基-3-硝基-1-亚硝基胍(MNNG)	*S. platensis* 藻丝体	Riccard G, et al	[79][80]
形态变异的突变体	藻丝变长,上浮性好	γ射线	*S. platensis* 单细胞	胡天赐,等	[23]
耐低温的突变体(2个)	低温下能快速生长,形态变异	甲基磺酸乙酯(EMS)	*S. platensis* 藻丝体	张学成,等	[21]
富含γ-亚麻酸的突变体	生长速度加快,富含γ-亚麻酸	除草剂	*S. platensis* 藻丝体	Cohen Z, et al	[81]
抗高光抑制的突变体(2株)	藻丝变短,高光合作用、低呼吸作用,生长快	γ射线	*S. platensis* 藻丝体	龚小敏,胡鸿钧	[82]
形态变异的突变体	藻丝变长,螺旋加长,螺旋数增多	EMS	*S. platensis* 藻丝体	崔海瑞,等	[22]
富含藻蓝蛋白的突变体	藻丝变长,藻蓝蛋白和SOD含量提高	紫外线	*S. maxima* 藻丝体	Li J H, Zheng W	[83]
具有较强光合的突变体	藻体干重增加	He-Ne激光	*S. platensis* 藻丝体	赵炎生,等	[84]

（续表）

类型	特性	诱变因素	诱变材料	作者	参考文献
耐低温的中温适应型品系	更耐低温,蛋白质含量提高9.5%	亚硝基胍(NTG)	*S. platensis* 单细胞	殷春涛,等	[85]
耐低温的突变体	细胞宽大,能在低温下良好生长	γ射线	*S. platensis* 藻丝体	汪志平,等	[25]
高产、超长的突变体	藻丝长达1cm,采收极方便,产量提高11.7%	γ射线	*S. platensis* 单细胞或短的藻丝片段	汪志平,等	[87]
光合作用较强的突变体	藻体干重略下降,蛋白质含量提高12%	倍频Nd：YAG	*S. platensis* 藻丝体	赵炎生,等	[88]
形状变直的突变体	生长快,耐低温,β-胡萝卜素含量提高22.3%	倍频Nd：YAG	*S. platensis* 藻丝体	陈必链,等	[89]
形态变异的突变体	生产速度和光合放氧速率均有提高,藻蓝蛋白含量提高	紫外线	*S. platensis* 单细胞	李建宏,等	[90]
高产多糖的突变体	多糖含量比亲本的高17.3%～42.3%	EMS、γ射线	*S. platensis* 单细胞或原生质球	汪志平,刘艳辉	[91]
高产藻胆蛋白的突变体	PC、APC和PBP含量依次比亲本的高36%、89%和50%	EMS、γ射线	*S. platensis* 单细胞或原生质球	黄晖,等	[92]

选择适宜的诱变材料、诱变因子及其剂量是诱变育种成功的关键。研究表明,以超声波或组织匀浆破碎等机械方法制得的单细胞或短的藻丝段为诱变材料,与直接以多细胞的螺旋藻藻丝相比,不仅诱变敏感性和突变频率大为提高,而且更有益于突变体的筛选。其主要原因可能在于:螺旋藻完整的DNA修复系统及细胞壁所含的抗辐射多糖,使其对电离辐射和化学诱变剂均有较强的抗性,而机械作用具有去除细胞壁,甚至可能破坏DNA修复系统的

生物学效应;螺旋藻藻丝中即使有个别细胞发生了有益突变,也会因与大量的非突变细胞混杂在一起而难以得到表达并被筛选出来。同时,我们发现用几种诱变因子对螺旋藻藻丝或细胞进行复合处理,比用单一诱变因子处理更能提高诱变敏感性和突变频率。一般认为,利用不同性质的诱变因子复合处理生物体,可在减轻损伤的同时,使各种诱变因子的特异作用相互配合,从而提高产生有益突变的频率。

虽然诱变育种对遗传物质DNA的操作不具有基因工程那么强的针对性,但诱变育种具有所需仪器设备简单、操作简便、成本低、效率高、一旦获得优良突变品种(系)即能推广应用等优点。因此,在当前开展螺旋藻基因操作所需的技术和条件还不完备、转基因品种(系)食用和生态安全风险尚不明晰的情况下,诱变育种仍不失为一种创建螺旋藻生物技术良种的有效而实用的重要手段。

目前,汪志平等[13,24,25,36,37,72,76,91~94]已建立了系统而完整的螺旋藻诱变育种技术体系,包括诱变材料制备、诱变处理,以及突变体筛选、分子鉴定、中试与产业化等,在此基础上育成了当前全球最长的高产钝顶螺旋藻,以及具有抗辐射、降血糖等功效的一批品性兼优的钝顶螺旋藻新品系,并实现了产业化。

近年来,螺旋藻基因组测序工作已完成[95~98]。尽管到目前为止,尚未测出完整的螺旋藻全基因组序列,但所获得的框架图为我们深入开展有关螺旋藻种质分子遗传与改良、高产优质低成本培植等,提供新的理论依据和技术支持。

第3章 多糖的生物合成、制备技术及生物学活性

多糖(Polysaccharide)是来自高等植物、动物细胞膜和微生物细胞壁等部位的天然高分子化合物,是所有生命有机体的重要组成部分,也是构成生命的四大基本物质之一。它是由10个以上的单糖缩合而成的高聚糖,可分为匀多糖和杂多糖两类,主要存在于高等植物,海藻、真菌和细菌等微生物的代谢产物中。匀多糖由一种单糖聚合而成,如果胶,纤维素等;杂多糖由两种以上的单糖聚合而成,如瓜儿豆胶、肝素等。现已从天然产物中分离出300余种多糖类化合物[99]。按照来源不同,它们可大致分为五大类:植物类多糖(如茶叶多糖、大枣多糖、枸杞多糖等)、藻类多糖(如螺旋藻多糖、岩藻依聚糖、海带多糖等)、真菌类多糖(如香菇多糖、猪苓多糖、虫草多糖等)、细菌类多糖(如肺炎球菌荚膜多糖、流感杆菌荚膜多糖、脑膜炎球荚膜多糖等)及动物类多糖(如肝素、硫酸软骨素 B 等)。多糖还可与蛋白质和脂类等形成蛋白多糖、脂多糖等结构更为复杂的复合性多糖。

相对于蛋白质和核酸等生物大分子而言,国内外在糖类研究方面还不够系统、深入。对于糖类的早期研究只注意到它作为能源物质和细胞的组成成分的重要性。但近十几年来,随着膜生化功能、免疫学机制及生物活性物质等研究的不断深入,多糖研究取得了很大进展。人们逐渐认识到多糖不仅是生物的能量物质和结构成分,而且在调节细胞生长、分裂、分化与衰老,以及维持生命体正常代谢等各种生命活动中起着至关重要的作用,并与机体免疫功能、细胞识别、细胞间物质转运、肿瘤诊治、蛋白质合成后加工等重要生命过程密切相关。此外,多糖的糖链在分子生物学中起着决定性作用[100,101]。多糖在食品工业、发酵工业及石油工业上有着广泛的应用,在医药上还是一种很好的佐剂。因此,多糖是一类具有广泛而独特的生物活性作用的天然大

分子物质,其研究与开发利用已受到国内外的极大关注,有的科学家甚至称21世纪为糖化学的世纪[100,101]。

对于多糖的研究虽然起步较晚,但是已引起生物学家、药理学家和营养学家的极大关注。国内外在开展多糖资源的开发、多糖结构的分析、多糖药理作用等的研究方面,均做了大量工作。随着研究的不断深入,多糖的活性及机理日益被揭示,为多糖作为生物资源被科学地开发利用打下坚实的理论基础。特别是近十多年来,国外已相继提出并发展了 Glycobiology(糖生物学)和 Glycomics(糖组学)等有关糖研究的新学科,国内在这方面的进展也较快。目前,人们对糖类的结构与功能等还了解甚少,但随着研究的不断深入,糖类科学研究与应用在21世纪必将崭露头角。近年来,国内外在生物活性多糖的生物合成、分离纯化、结构与功能、生理活性、药理与毒理等方面做了大量工作,取得了可喜进展,并在此基础上已将多糖应用于食品、医药、化工、能源、环保、饲料等领域,取得了显著的经济与社会效益。

1　多糖的生物合成

尽管螺旋藻、灵芝、灰树花等多糖具有以上述及的多种重要而独特的生物学活性,是极具研究与开发前景的天然医药保健资源,但由于生物活性多糖是一种次生代谢物质,它们在生物体中的含量一般都较低,往往达不到大规模产业化开发的要求,这是当前国内外在多糖类物质产业化研发过程中的主要瓶颈之一。如目前生产上所用的普通钝顶螺旋藻或极大螺旋藻,多糖含量普遍较低(≤5%),品种(系)间的差异较大且受营养与环境因子影响也较大,加之多糖分离纯化时要反复多次除去大量的蛋白质,致使螺旋藻多糖的提取率很低、制备成本偏高,其产业化进程受到严重制约。需要进一步指出的是,目前有关螺旋藻多糖的研究,大多侧重其分离纯化及结构与功能方面,而在高产技术方面则很少涉及。因此,开展有关螺旋藻生物活性多糖的高产条件及机理研究,建立高产多糖的最佳生产模式,对实现螺旋藻生物活性多糖的产业化与实际应用,具有至关重要的战略意义。

1.1 非藻类多糖的生物合成

方维明等[102]研究表明,碳、氮源浓度对灰树花生长速率和粗多糖含量的影响极其显著。高浓度碳源不利于菌体生长,而有利于粗多糖形成;但氮源的增加有利于菌体生长,对粗多糖的合成无促进作用。碳氮比(C/N)会影响基质进入菌体后的代谢流向,但该菌株对碳、氮源种类的敏感性比对碳氮比的敏感性高。顾芳红等[103]研究了氮源对液体培养过程中猪苓菌丝生长和胞外多糖含量的影响,结果表明,低浓度氮有利于菌丝体生长,而高浓度氮则有利于胞外多糖的分泌。王关林等[104]研究发现,氮源种类对栀子悬浮细胞的生长和多糖合成没有明显影响,但氮浓度对其影响显著,当氮浓度为40~50mmol/L时最有利于其生长和多糖合成。瞿建宏等[105]研究发现,氮浓度的升高或磷浓度的降低,即氮磷比(N/P)升高,有利于芽孢杆菌的生长;在一定范围内,氮、磷浓度越高,则生长越好,但N/P值似乎并非越大越好。这些研究结果表明,氮素形态及其浓度对生物生长与多糖合成的影响因物种不同而有显著差异。

碳和氮是生物生长发育过程中极为重要的营养元素。生物的产量与品质不仅与碳源和氮源的种类有关,而且与它们的比例有关。李平作等[106]对灵芝胞外多糖合成的研究表明,较高的C/N有利于胞外多糖的形成。孙红斌等[107]在研究适于液态发酵猴头菌多糖的碳源、氮源及C/N时发现,葡萄糖为最适碳源,复合氮源(黄豆粉+玉米粉+麸皮粉)为最适氮源,最适C/N为26。C/N是影响猴头菌多糖产量的重要因素,其效应符合正态分布规律。陈群等[108]研究了不同C/N对柱状田头菇液体发酵产物生长速率及多糖含量的影响,发现当C/N为60时,菌丝体多糖含量可达最高值,为9.113%。

同时,培养基中的无机盐对多糖合成也起重要作用[109]。谈峰等[110]研究了钾对牛膝生长速率及其根中水溶性多糖含量的影响,发现牛膝根可缓冲环境K^+对其植株生长的影响,可使营养物质向根部运输,促使根的增粗,提高根中水溶性多糖的含量。

此外,赵明文等[111]对蛹虫草发酵培养基配方进行了正交设计试验,得出的优化培养基配方如下:玉米粉4%,黄豆粉0.6%,酵母汁0.3%,K_2HPO_4

0.05％，MgSO₄ 0.05％，接种量 3％，pH5.5。应用此培养基组合在25℃培养144h，胞外多糖产量可达1.83g/L，碳源对胞外多糖的合成影响显著。吴金勇等[112]研究表明，灵芝液体发酵过程中培养基各主要成分之间的比例对灵芝胞外多糖产量有明显影响。当发酵培养基的配方为3.5%葡萄糖、0.1%（NH₄）₂SO₄、0.05％MgSO₄、0.2%KH₂PO₄、0.2%酵母浸膏，当初始pH为6.0时，胞外多糖含量可达最高值，并发现在生物量最高的培养基中，胞外多糖的产量并非最高。孙克等[113]研究了营养条件对灰树花产胞外多糖的影响，提出灰树花产胞外多糖较佳的培养基组合为：葡萄糖40g/L，蛋白胨5g/L，KH₂PO₄ 4g/L，MgSO₄ 2g/L，玉米浆20g/L。诸葛健等[114]研究了碳源、氮源和无机盐对红曲霉Y-7产多糖的影响，优化并确定了产胞外多糖的培养基组成：麦芽糖60g/L，蛋白胨2.5g/L，KH₂PO₄ 4g/L，MgSO₄ 0.5g/L，CaCl₂ 0.6g/L。综上所述，非藻类生物的多糖合成不仅与生物本身的遗传特性有关，而且受C、N、P、K^+、Mg^{2+}及温度等多种因素影响。

1.2 藻类多糖的生物合成

现代生命科学的众多研究发现，藻类含有一些结构特殊、功能独特且陆地生物所没有的生物活性多糖。这些多糖不仅对调控某些生理过程、维持正常生命活动能力和防治疾病等有显著的调理作用，而且具有活性强、安全性高、选择性好等特点，因而近年来藻类生物活性多糖的研究和开发受到了国内外的极大关注。现将有关藻类多糖生物合成方面的研究综述如下：

在微藻培养的营养盐研究中，氮源是研究较多的营养因素之一。有关不同形式的氮源，如硝酸盐、氨或尿素影响微藻的产量和多糖含量方面的研究比较多[115]。诸多结果显示，硝酸盐的影响比其他氮源的更显著。Tischer等[115]研究发现，含钠、钾和钙的硝态氮盐均不影响黏四集藻胞外多糖（EPS）的产出，但NH₄NO₃会因产生酸性环境而影响胞外多糖的产出。Tischer等[116]发现分别以Mg（NO₃）₂、KNO₃、NaNO₃、NH₄NO₃和NH₄Cl为固氮水华鱼腥藻的氮源时，对NH₄Cl不适应的细胞会产生丰富的多糖，但生物量不增加；而对NH₄Cl适应的细胞的多糖产率则较少，但生物量增加。Sangar等[117]研究氮形态对窝状组囊藻胞外多糖产率的影响时发现，硝酸盐比铵盐和尿素更利于藻体生长和多糖产出,但使用铵盐和尿素时细胞中的总糖含量升高。Lupi 等[118]在研究氮源对丛粒藻多糖合成的影响时发现,当以硝酸盐作氮源时,多糖的产量可达 2.5g/L;而当以氨或尿素作氮源时,多糖的产量显著降低。朱凤英等[119]比较了不同氮源对嗜盐隐杆藻细胞及胞外多糖产量的影响,结果显示,硝态氮是该藻细胞生长及产糖的最佳氮源。总之,在众多形式的氮源中,硝态氮不仅有利于藻细胞的生长,而且有利于多糖的合成。

同时,研究还表明,氮浓度对藻类的生长和多糖合成也有很大的影响。Lupi 等[118]在研究不同硝酸盐浓度对丛粒藻多糖合成的影响时发现,当 KNO_3 浓度为 2mmol/L 时,多糖产率最高。Hiroaki[120]研究发现,在一定范围内,隐球藻的多糖含量和生物量均随硝酸钠浓度的增大而增加,当硝酸钠浓度增至 200mg/L 时,干细胞中多糖含量增至最大,达 10μg/mg 干细胞,此后,随着硝酸钠浓度增大,多糖浓度趋于稳定。郑怡等[121]在研究培养条件对极大螺旋藻胞内和胞外多糖含量的影响时发现,胞内多糖含量随培养液中硝酸钠浓度的减少而降低,而胞外多糖则反之。

磷也是藻类正常生长必不可少的元素,同时它与氮素间的不同比值可影响藻类的生物量及多糖等物质的合成与累积。Utkilen[122]研究发现,适量的氮、磷含量可促进蓝藻细胞代谢与生长,若培养液中氮、磷含量降低,蓝藻生长速率即下降,但细胞内碳水化合物含量增加。李文权等[123]发现环境中的 N/P 值影响高盒形藻光合作用的直接产物——碳水化合物向蛋白质转化。当当 N/P 为 16 时,碳水化合物含量较高。周慈由等[124]研究结果显示,当氮限制且 N/P 为 10 时,中肋骨条藻生长较快,胞内碳水化合物、蛋白质和氨基酸含量高,胞外生化组成含量相对少。当磷限制且当 N/P 为 30 时,其生长速率受限制,生长欠佳,光合作用的直接产物——碳水化合物的含量相对较少。刘东艳等[125]研究发现,氮磷比可明显影响球等鞭金藻细胞内碳水化合物和蛋白质的含量,且当 N/P 为 16 时生长最快。

Ca^{2+}、Mg^{2+} 或 PO_4^{3-} 等离子对藻类的多糖产率也有较大影响。De Philippis 等[126]在研究 Ca^{2+}、Mg^{2+} 或 PO_4^{3-} 不足及培养液总盐度对固氮丝状荚膜蓝螺藻胞外多糖产生的影响时发现,当 Mg^{2+} 不足时,胞外多糖产率最高,但蛋白质合成受阻;当Ca^{2+}或PO_4^{3-}不足且盐度增加时,胞外多糖产量无显著性变化。Hiroaki[120]对隐球藻多糖合成进行了研究,表明NaCl浓度对多糖的影响比较显著,当NaCl浓度为3%时,多糖含量达到40μg/mg干细胞;当NaCl浓度大于4%时,多糖含量降至20μg/mg干细胞以下。同时,隐球藻的多糖合成还受磷酸盐影响,当磷酸盐浓度为40mg/L时,产糖率最高。李环等[127]研究了NaCl、$Ca(NO_3)_2 \cdot 4H_2O$和KH_2PO_4等对嗜盐隐杆菌细胞生长及胞外多糖产量的影响,结果表明,当上述3种盐的浓度依次为0.5mol/L、1.0g/L和0.1g/L时,细胞生长最快,胞外多糖产量最高。

欧瑜等[128]报道,当NaCl为1.0mol/L、$CaCl_2$为0.5g/L、$MgSO_4 \cdot 7H_2O$为5.0g/L及pH为8.0时,嗜盐性单细胞盐生隐杆藻胞外多糖的产量最高,且胞外多糖的释放随培养时间延长而增加,并在限氮或限磷条件下胞外多糖产率提高。李朋富等[129]对于盐度与营养限制对隐杆藻生长和胞外多糖产率影响的研究表明,NaCl浓度为0.75mol/L时最有利于该藻生长和胞外多糖释放,Mg^{2+}、Ca^{2+}、K^+营养限制对胞外多糖的产生有促进作用,PO_4^{3-}营养限制对其有很强的抑制作用,NO_3^-和SO_4^{2-}营养限制则影响不大。

郑怡等[121]在研究培养条件对极大螺旋藻多糖含量的影响时发现,当NaCl为0.5g/L、K_2HPO_4为0.25g/L时,胞内和胞外多糖含量均为最高;当$NaHCO_3$浓度从16.8g/L减至8.0g/L时,胞内多糖含量从3.6%降至1.3%,而胞外多糖含量无明显变化。

此外,培养时间、温度、pH等条件对藻类的生长和多糖合成也有重要影响。Sangar等[117]研究了培养时间、温度对窝状组囊藻胞外多糖产率的影响,发现低温(25℃)下培养藻体细胞生长速率较高温(40℃)下慢,但胞外多糖产量明显提高。张欣华等[130]对小球藻、新月菱形藻、盐藻、叉鞭金藻在不同培养条件下胞内多糖含量的研究表明,光照时间、温度等环境条件的变化会影响胞内多糖含量,并且小球藻和叉鞭金藻间、新月菱形藻和盐藻间有相似的变化规律。

综上所述,生物活性多糖作为一种次生代谢物质,其合成与累积一般属由多基因调控的数量性状,且受多种因素影响,即不仅与生物本身的遗传背景有关,而且受营养与环境等多种复杂因子的影响,这充分体现了当前国内外生物学界公认的法则:"表型＝基因型＋环境型"。因此,要建立螺旋藻高产多糖的技术体系,必须从"基因"和"环境"两方面同时入手:一方面,要利用现代生物技术选育高产多糖的螺旋藻新品系;另一方面,要建立有利于新品系高产多糖的最佳培养模式。同时,要在此基础上深入研究,以阐明螺旋藻多糖合成的分子调控机制。

2 多糖的制备技术

多糖在自然界分布广泛,存在于各种动植物和微生物中,其单糖组成和结构等分子特性依来源不同而存有较大差异,正是这种差别使之能够以高度特异性参与细胞的各种活动,进而表现出多种生物学活性。系统、高效的提取技术是开展多糖结构与功能研究、产业化开发的前提,也是国内外糖生物学与糖生物工程领域的重点研究内容之一[100]。

溶剂提取法是一类传统且当前常用的多糖提取方法。其基本原理是根据原料中各种成分在不同溶剂系统中的溶解特性,选用对活性成分溶解度大,对不需要溶出成分溶解度小的溶剂系统,将有效成分从生物组织内提取到溶剂系统中。由于多糖中羟基较多、极性大,因而可选用水为提取溶剂,并在一定温度条件下保温提取。多糖的提取率主要与料液比、温度、提取时间和浸提次数等因素有关,并受这些因素综合影响。如在提取枸杞(*Lycium barbarum*)多糖时,当采用料水比为1:3、80℃浸提2h时,得率为3.35%;而采用料水比为1:10、100℃浸提30min时,得率为5.7%[131, 132]。

同时,通过调节溶剂的pH或在溶剂中添加不同种类的盐,可以在某种程度上达到对生物多糖种类进行选择性提取的目的。如Chiovitti等[133]分别用水及NaHCO₃、NaOH或NaBH₄溶液提取微绿羽纹藻(*Pinnularia viridis*)多糖,结果发现4种提取液中多糖的得率、种类、硫酸基团含量及杂蛋白含量等均有差异,有的达到极显著水平。上述通过调节溶剂pH或添加盐提高提取溶剂选择性的方法,已成功运用于多种生物活性多糖的研究与生产实际。

总之,要根据生物材料特性及多糖提取目标等实际情况,综合考察料液比、温度、时间、浸提次数、溶剂及其pH和盐等诸多因素,建立有针对性的优化提取技术体系,才能达到理想的提取效果,并可望应用于生产实际。目前生物活性多糖诸多提取影响因子的参数,可用球面设计、均匀设计等方法通过实验研究并结合理论计算进行确立。同时,还可以根据实际需要,综合运用微波和超临界萃取等新技术。

在植物和微生物体内含有大量蛋白质,如螺旋藻中的蛋白约占干重的65%;而在多糖的提取过程中,生物体内的蛋白也往往随之一起被提取出来,从粗多糖中脱去杂蛋白是多糖纯化的必要工艺[134]。目前,常用的去蛋白方法主要有以下几种:Sevag法、三氯乙酸(TCA)法、泡沫分离技术和酶法等[135~137]。

Sevag法是经典的去蛋白方法,比较温和,一般不会造成糖链的断裂,但需要消耗大量的有机溶剂,而且必须重复多次,工作量较大。相反,TCA法去蛋白能缩短流程,减少有机溶剂用量,但是反应较剧烈,有可能会造成糖链的断裂。泡沫分离技术是一种基于溶液中溶质组分间表面活性差异而进行分离的技术。在泡沫分离过程中,表面活性强的物质优先吸附和富集在气液界面,被泡沫带出连续相,从而达到浓缩和分离的目的。此法具有分辨率高、运行成本低、操作简便等优点。

上述几种去蛋白方法可以单独使用,也可以混合联用。在应用中需根据粗多糖中多糖含量、杂蛋白含量、提取目标等实际需要进行适当选择与组合。

3 多糖的生物学活性

多糖是生物体内的大分子之一,过去研究者认为糖类在生物体内的作用主要是作为能量物质(如淀粉和糖原)或结构组分(如蛋白聚糖和纤维素)[100]。然而,随着研究的深入,人们发现某些结构与组成特殊的多糖还担负着如分子识别、信号传导、细胞黏着与防御等重要而独特的生物学功能,并被称为生物活性多糖[101]。硫酸多糖(Sulfated Polysaccharides,SP)是一类含硫酸基团的生物活性多糖,在抗氧化、抗肿瘤和抗病毒等方面往往表现出比非硫酸多糖更强的生物学功效[138~142]。

3.1 抗氧化活性

自由基在化学结构上是指含有未配对电子的基团、分子或原子,包括超氧阴离子(O_2^-)、羟自由基($\cdot OH$)和脂质过氧化物(LPO)等,是人体细胞新陈代谢的正常产物[143,144]。众所周知,体内适量的自由基对身体有益,它不仅可以促进前列腺素、甲状腺素、凝血酶原、胶原蛋白、核糖核苷等的合成,还具有调节细胞间的信号传递、抑制病毒和细菌等作用[145]。但是,当人体处于疾病、紧张或忧愁状态时,会引起自由基过量产生。若此时体内的抗氧化剂不足,过多的自由基则可能氧化降解细胞内的某些主要成分,甚至造成DNA损伤,从而直接或间接导致细胞和组织器官损坏,诱发诸如肿瘤、炎症等多种疾病[146~148]。因此,当人体内自由基产生过多且失去动态平衡时,需要补充一定量的外源抗氧化剂。目前,已有多种天然提取物被证明具有较强清除自由基的能力,如维生素、多酚、黄酮和多糖等,并且已经人工合成了丁基羟基茴香醚(BHA)、二丁基羟基甲苯(BHT)等合成抗氧化剂[149]。

目前所发现的具有抗氧化活性的多糖主要来源于植物、真菌和藻类,而从多糖种类来看,多为含硫酸基团的酸性多糖(见表2)。研究认为,多糖抗氧化的作用机理可能有以下两类。①间接作用:通过增强体内自有的SOD、CAT等抗氧化酶的活性,间接发生抗氧化作用;或通过多糖结构中的醇羟基络合产生$\cdot OH$等自由基所必需的Fe^{2+}、Cu^{2+}等金属离子,从而阻止自由基的产生[150]。②直接作用:对于LPO而言,多糖分子可以直接捕获脂质过氧化链式反应中产生的活性氧,阻断或减缓脂质过氧化的进程;对于$\cdot OH$,多糖碳氢链上的氢原子可以与其结合成水,达到清除$\cdot OH$的目的,而多糖的碳原子则因此成为碳自由基,并进一步氧化形成过氧自由基,最后分解成对机体无害的产物[151,152]。

总之,抗氧化活性多糖的发现必将给氧化损伤相关疾病的治疗带来新的希望。但是,目前对多糖抗氧化活性的研究尚处于起始阶段,特别是在有关高效抗氧化多糖筛选、构效关系、最佳给药途径等方面尚有待于进一步加强。

表2 主要具抗氧化活性的硫酸多糖

多糖名称	来源	多糖含量/%	SO₄²⁻含量/%	IC₅₀/(μg/ml)		参考文献
				·OH	O₂⁻	
LPS1	*Rhus vernicifera*	nd	nd	>2000	≈1000	[153]
LPS2		nd	nd	>2000	≈1000	
LPS3		nd	nd	>2000	≈1000	
LPS4		nd	nd	≈2000	≈500	
LPS5		nd	nd	≈1000	≈200	
Iota carrageenans	*Fucus vesiculosus*、*Padina gymnospora*	66.0	27.6	281	332	[154]
Kappa carrageenans		72.0	17.9	335	112	
Lambda carrageenans		64.3	33.4	357	46	
Fucoidan		55.2	44.1	157	58	
F0.5		80.2	18.4	nd	243	
F1.1		70.1	27.6	353	243	
RVP	*Russula virescens*	nd	nd	≈320	un	[140]
RVP1		nd	nd	>2500	≈1500	
RVP2		nd	nd	≈240	un	
TPC-1	green tea(*Camellia Sinensis*)	46.9	nd	184	>182	[155]
TPC-2		45.3	nd	158	>182	
TPC-3		39.8	nd	93	182	
F1	*Porphyra haitanesis*	60.4	17.4	140	>2000	[156]
F2		50.6	20.5	1600	>2000	
F3		41.2	33.5	60	>2000	
U	*Ulva pertusa*	nd	19.9	≈21.1	>2800	[157]
U₁		nd	20.4	un	un	
U₂		nd	19.1	un	un	
U₃		nd	19.4	un	2800	
OE	*Ecklonia cava*	nd	nd	>500	>500	[158]
CpoF		nd	nd	>500	>500	
CphF		nd	nd	>500	≈100	
PAGP	*Haliotis Discus*、*Hannai Ino*	50.7	31.1	≈1400	un	[152]
LMWF	*Laminaria japonica*	71.0	27.1	200	140	[143]

注:nd表示未检测;un表示未知;IC₅₀表示半抑制浓度

3.2 抗肿瘤活性

长期以来,恶性肿瘤的治疗一直是一个世界性的难题,常用的放射治疗和化疗等方法对肿瘤的治疗效果有限,而且还会产生严重的毒副作用。因此,需要寻找一种更有效的治疗肿瘤的新方法。众多研究表明,肿瘤在发生的起始阶段,只是一小块无血管的组织,随后的血管内生长才是造成其进一步扩散的根源[159,160]。因此,具有疗效稳定、副作用少等优点的肿瘤抗血管生成治疗应运而生[161]。血管生成是指从已存在的微血管上芽生出新的毛细血管的过程[162],受血管生长因子和血管生成抑制因子双向调节。正常情况下,两种因子处于平衡状态,但是此平衡会因为病理或生理学上的原因而发生倾斜(见图1)。平衡的恢复可以使肿瘤血管回复正常,当平衡向血管生成抑制因子方向倾斜的时候,就有可能会导致血管衰退,最终使肿瘤消散[163]。血管内皮生长因子(VEGF)和纤维原细胞生长因子(FGF2)这两种主要的血管生长因子中的任何一种受到抑制,平衡就会向血管生成抑制因子的方向发生倾斜[164,165]。因此,FGF2和VEGF可以作为肿瘤抗血管生成治疗的靶标,通过抑制FGF2或VEGF活性,就能达到阻止肿瘤血管生成和抑制肿瘤转移的目的[164]。

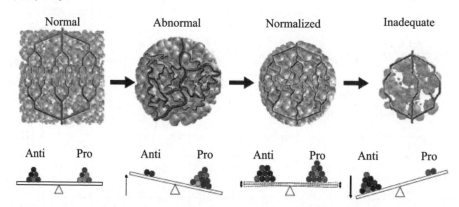

图1 血管生长因子和血管生成抑制因子的平衡关系图[40]

Yang等[166]研究表明,从担子菌Antrodia cinnamomea中分离出相对分子质量大于100000的水溶性多糖组分PMAC,其具有抗血管生成的活性,并呈剂量效应关系。陈金联等[167]研究了N-去硫酸肝素对人胃癌重度联合免疫缺陷(SCID)小鼠模型肿瘤转移抑制、血管生成和血管内皮生长因子表达的影响,结果表明 N-去硫酸肝素能通过抑制肿瘤组织 VEGF 表达和血管生成,从而阻止肿瘤细胞转移,且无明显出血等不良反应。Leali 等[168]研究发现 *Escherichia coli* K5 多糖的不同硫酸化衍生物能够与肝素竞争绑定 ^{125}I-FGF2,干扰 FGF2 在内皮细胞中与酪氨酸激酶受体(FGFRs)和硫酸乙酰肝素蛋白聚糖(HSPGs)相互作用,破坏 HSPG-FGF2-FGFR 三聚体的形成。因此,通过对细菌 K5 多糖进行特殊的磺酸化处理,有可能使其产生 FGF2 抗性,赋予它抗血管生成活性,为肿瘤的抗血管生成治疗设计新的抗血管生成化合物提供基础。

目前,研究发现的硫酸多糖除部分通过抗血管生成表现出抗肿瘤活性外,某些从藻类和动物细胞中提取的硫酸多糖,如 Ca-Sp 和低相对分子质量肝素等,还表现出其他机制的抗肿瘤功效。

Ca-Sp 是一种分离自螺旋藻的硫酸多糖和钙的螯合物。它能够有效阻止硫酸乙酰肝素被内切糖苷酶(Heparanase)降解,从而阻止肿瘤侵袭基膜[169, 170]。LMWH 是分离自猪等动物小肠黏膜的低相对分子质量肝素,能延长肿瘤患者的生存时间[171]。Klerk 等[172]在一项对 302 名未发生静脉血栓栓塞转移的晚期或局限期实体瘤患者进行随机、双盲调研中发现,LMWH 能阻止癌细胞向血管内膜黏附和侵袭,具有直接的抗癌活性。

3.3 抗凝血活性

如前所述,分离自猪等动物小肠黏膜的肝素,是一类高度硫酸化的直链酸性多糖。它们能够与 100 多种蛋白结合,包括酶、选凝素(Selectin)、蛋白酶抑制剂、生长因子、脂蛋白等[173]。它们具有诸如抗凝血、抗病毒、抗细菌侵袭和传染等多种生理活性,在临床上被广泛应用于血栓栓塞性疾病的防治、弥漫性血管内凝血的早期治疗及体外抗凝等[174]。

肝素的抗凝血活性主要是通过增强凝血蛋白酶天然抑制剂——血浆因子的活性而实现的[175]。它能与血浆中的抗凝血酶Ⅲ(AT-Ⅲ)结合形成复合物,进而增强其抑制凝血因子的作用。当抗凝血酶与肝素中的五糖片段结合后,抗凝血酶的构象会发生改变(见图2),从而使抗凝血酶与凝血酶和 Xa 因子相互作用的效率提高 1000 倍[142]。

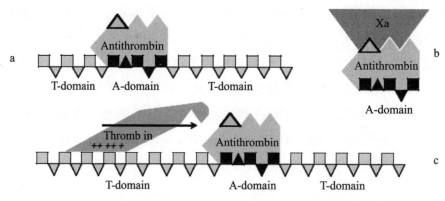

图2　肝素和抗凝血酶抑制Xa因子和凝血酶作用模型

然而,需要指出的是,肝素虽有较强的抗凝血功效,但在使用过程中也会产生诸如血小板减少等毒副作用。所以,迫切需要寻求一种抗凝血活性高且毒副作用小的产品。研究发现,硫酸皮肤素(DS)可使肝素辅助因子Ⅱ(HCⅡ)与凝血酶以1:1的比例结合形成稳定的复合体。此复合体不对Xa因子产生应答,从而使凝血酶失活[142]。硫酸化半乳聚糖能与抗凝血酶及HCⅡ结合,通过它们来介导其抗凝血活性。2,4-双-O-硫酸化单元和4-O-硫酸化单元分别可以增强3-linked-α-L-脱氧半乳聚糖抗凝血酶介导的抗凝血活性和HCⅡ介导的抗凝血活性[176]。目前,已有多种SP被证实具有抗凝血功能,它们的活性大致为:肝素(HP)>硫酸乙酰肝素(HS)>硫酸皮肤素(DS)≫硫酸软骨素(CS)≈透明质酸(HA)[177]。

3.4　抗HIV活性

艾滋病(AIDS)是由人类免疫缺陷病毒(HIV)引起的一种致死性传染病。目前,用于AIDS的临床治疗药物虽已有数10种,但均因疗效不显著且价格昂贵,而极大限制了AIDS的有效治愈率和控制率。因此,自1981年发现AIDS以来,世界各国时刻都在为研制出具临床实际应用价值的高效AIDS治疗药物而不懈努力。

HIV-1病毒的转录因子(Tat, The HIV-1 Transactivating Factor)在将HIV-1转染给正常细胞的过程中起着至关重要的作用。Urbinati等[178]研究了不同硫酸化度的 *Escherichia coli* K5多糖衍生物结合Tat,从而影响Tat与细胞表面因子的相互作用及其他生物学活性的能力。在体和离体实验研究结果发现,不同硫酸化程度的K5多糖衍生物对Tat活性的抑制能力存有显著差异,从而为设计与研制基于拮抗Tat的AIDS治疗新药奠定了基础。

我国第一种用于AIDS治疗临床研究的海洋藻类多糖,是一种从褐藻中提取的硫酸多糖——硫酸多糖聚甘古酯(SPMG)。研究发现,SPMG能抑制HIV的复制,其可能的分子机制是:①SPMG阻断了HIV进入细胞的进程;②SPMG能增强细胞的免疫力。此外,SPMG能够与淋巴细胞中的CD4蛋白结合,这也可能有助于解释SPMG在HIV病毒感染人体过程中的抗AIDS活性的分子机制[179]。

总之,随着研究的深入,近年来硫酸多糖在抗氧化、抗肿瘤及抗HIV等方面显著而独特的生物学活性,引起了人们的广泛关注。可以相信,随着对硫酸多糖构效关系、多糖硫酸酯化衍生技术与作用机理等研究的进一步深入,并在当前全球糖科学技术热潮的强有力推动下,在不远的将来必定会涌现出更多、更好的多糖类新药,为人类最终战胜肿瘤和AIDS等顽症做出应有的贡献。

第4章 螺旋藻多糖的生物学活性功能

大量的研究与实践表明,螺旋藻的营养成分丰富而全面,除富含优质蛋白(60%~70%)、维生素、矿物质和微量元素等营养外,还含有多糖、β-胡萝卜素和γ-亚麻酸等多种生物活性物质[28]。其中,螺旋藻多糖是一种具有广泛而独特生物活性的物质,在降血糖、抗衰老、抗肿瘤、抗病毒及抗辐射等方面具有良好的生理活性功效,是一种极具研究与开发前景的医药保健新资源[94, 137]。

1 抗肿瘤活性

大量的研究表明,螺旋藻多糖对小鼠肉瘤S180、乳腺癌细胞B37、白血病细胞K562、人血癌细胞HL60、腹水型肝癌细胞和白血病L7712细胞等都有不同程度的杀伤抑制作用,对它们的抑制率均比较高。如螺旋藻多糖对移植肉瘤S180的抑制率达到40%以上,对白血病细胞K562的抑制率为46.0%[180~184]。螺旋藻多糖的抗肿瘤作用主要体现在能够抑制不同肿瘤的生长,可以通过某些细胞因子而激活特异和非特异免疫,从而清除肿瘤细胞[185]。有研究表明,螺旋藻酸性多糖能够诱导巨噬细胞TNF-α的合成[186]。杜玲等[187]采用小鼠S180腹水瘤模型也证实了这一点,认为螺旋藻多糖不仅能够促进小鼠免疫器官的生长发育,而且还可通过促进小鼠免疫细胞分泌TNF-α和IL-2而发挥免疫调节作用。吕小华等[188]通过观察环磷酰胺所致免疫低下小鼠的脾和胸腺细胞周期变化,认为螺旋藻多糖能增加免疫低下小鼠脾和胸腺S期、G/M期的细胞数量,并且显著提高免疫低下小鼠巨噬细胞的免疫功能和分泌IL-1、一氧化氮(NO)的功能。吕小华等[189]还研究了螺旋藻多糖对慢性乙型肝炎患者外周血单个核细胞的增殖能力的影响,结果表明,螺旋藻多糖能够增强单个核细胞分泌IFN-γ和IL-2,并且降低分泌IL-4,还可以上调IFN-γ mRNA的表达。陈宏硕等[190]采用双酶方法提取螺旋藻多糖,在小鼠腋下接种H22肝癌细胞,结果从瘤重及抑瘤率测定、自然杀伤细胞(NK细胞)杀伤活性测定等多个方面证明螺旋藻多糖的抗H22肿瘤效果明显,可以提高机体免疫力。螺旋藻多糖抗肿瘤机理主要是通过增强和恢复机体的免疫系统功能来达到杀灭肿瘤细胞的目的。李敏[11]发现螺旋藻多糖能够诱导小鼠腹腔巨噬细胞分泌白细胞介素-1,使外周血单核细胞释放γ-干扰素和α-肿瘤坏死因子,增加细胞原癌基因c-myc的RNA合成速率,从而发挥抗肿瘤作用。

目前,肿瘤治疗中广泛采用的放疗和化疗药物对机体免疫能力均有较大影响。而众多研究表明,螺旋藻多糖可在发挥抗肿瘤作用的同时,对放疗和化疗药物具有明显的减毒增效作用,在肿瘤治疗方面具有广阔的应用前景。王有顺[191]发现螺旋藻多糖能大大减轻因环磷酰胺引起的造血功能障碍,明显减缓因环磷酰胺所致的体重下降,从而降低动物死亡率。张洪泉等[192]通过实验发现螺旋藻多糖不仅本身具有明显的抑瘤功效,如对S180和H22的抑制率分别高达50%～58%和43%～51%,而且当与环磷酰胺、顺铂和5-氟尿嘧啶等化疗药物配伍时,可使药物的抗癌作用增强,并能有效抑制白细胞的减少。近年的研究表明,螺旋藻还能与其他药物协同抑癌。这些药物包括青蒿琥酯、银杏提取物、硒。陈永顺等[193]研究了青蒿琥酯配伍螺旋藻多糖对肝癌SMMC7721细胞株的抑制作用,认为青蒿琥酯与螺旋藻多糖配伍使用时对肝癌SMMC7721细胞的增殖有明显的抑制作用,并且其作用可能是通过诱导肿瘤细胞凋亡实现的。目前,已有多项研究证明螺旋藻多糖与银杏提取物联合使用对抑制癌细胞的增殖能产生协同增效作用[194～196]。刘永举等[197]研究认为,复合螺旋藻多糖对S180荷瘤小鼠单核巨噬细胞的吞噬能力和淋巴T细胞的增殖转化能力有明显促进作用。此外有报道指出,经硫酸酯化修饰和硒的加入,螺旋藻多糖的抗肿瘤活性能得到显著的提高[198]。螺旋藻多糖对纳米硒的表面装饰,能显著增强纳米硒对几种人癌细胞系的细胞毒性[199]。

2 抗病毒活性

螺旋藻多糖的抗病毒作用现已引起医药界的高度重视,尤其是硫酸多糖的强抗病毒活性,显示了广阔的药用前景[200]。Hayashi等[201,202]报道,从螺旋藻中提取出的一种含钙的硫酸多糖(Ca-SP)能有效抑制疱疹病毒(HSV-1)和人类免疫缺陷病毒(HIV-1)等具囊膜的病毒。汪廷[203]研究发现,螺旋藻多糖对乙型肝炎病毒具有明显的抑制作用。于红等[204]研究了钝顶螺旋藻多糖抗单纯疱疹病毒、乙型肝炎病毒的作用以及可能的机制,认为螺旋藻多糖能够干扰疱疹病毒向宿主细胞的吸附,说明螺旋藻多糖能够改变宿主细胞表面的相关病毒吸附蛋白受体,或直接作用于细胞,使得宿主细胞自身处于抗病毒状态。

3 降血糖活性

左绍远等[205]在研究螺旋藻多糖的降血糖活性时发现,对由链脲佐菌素引起的糖尿病实验小鼠分别灌胃给药100mg/kg体重和200mg/kg体重的螺旋藻多糖,连续10d后,血糖值与对照组的相比分别降低了23.6%与30.1%,达到极显著水平。同时,相同剂量的螺旋藻多糖还可显著抑制由肾上腺素与葡萄糖所引起的小鼠的血糖升高,从而表明螺旋藻多糖可抑制肾上腺素刺激肝糖原分解及葡萄糖在肠道内吸收的作用。此外,左绍远等[206]还发现螺旋藻多糖能明显改善由四氧嘧啶(ALX)引起的糖尿病大鼠的高血糖与高血脂症状。螺旋藻清除自由基的作用主要来源于螺旋藻多糖,除螺旋藻多糖之外的其他成分也发挥着一定的抗氧化作用[207]。螺旋藻在肝肾高脂血症和氧化损伤中具有保护作用[208]。Cheong等[209]发现,螺旋藻的摄取能降低高胆固醇血症大白兔模型动脉粥样硬化。Moura等[210]通过对糖尿病大鼠模型的研究,发现运动和食用螺旋藻相结合可以降低低密度脂蛋白胆固醇和肝脂质水平。螺旋藻多糖具有降血糖的作用,从氧化性损伤的角度分析,可认为螺旋藻多糖是通过提高抗氧化酶活力,增加自由基的清除,减少自由基对胰岛细胞的损伤,从而增加胰岛素分泌,发挥降糖作用[211]。

4 抗衰老活性

目前认为,螺旋藻多糖抗衰老的机理主要与自由基有关。自由基学说认为,人体衰老与自由基密切相关,超氧化物歧化酶(SOD)是人体内自由基清除剂。左绍远等[212]研究表明,螺旋藻多糖能提高由D-半乳糖创建的衰老型实验小鼠红细胞、脑和肝的SOD活力,并能明显改善与衰老有关的各项指标,表现出良好的抗衰老作用。李春坚[213]研究也表明,螺旋藻可显著提高小鼠全血SOD和谷胱甘肽过氧化物酶(GSH-Px)的活性。周志刚等[214]对螺旋藻多糖的抗氧化特性进行了研究,发现当其浓度仅为2.5×10^{-4}g/L时即具有显著的清除脂质自由基的活性。可见,螺旋藻多糖通过提高血浆中的SOD活性,减少脂质过氧化物的生成,减弱其对细胞膜的损害程度,延缓细胞的衰老死亡,因而具有良好的抗衰老作用。

5 抗辐射活性

研究表明,螺旋藻多糖抗辐射损伤机制之一是提高一些免疫细胞对辐射的抗性[215]。多糖是细胞膜上的重要组分,可以强化免疫细胞抵御射线对细胞膜的损伤,多糖成分作用于细胞膜,使膜上相关分子活化,可以启动信号传导途径,使受损细胞趋于正常,从而起到抗辐射损伤的作用[215]。螺旋藻多糖能显著增强辐射引起的DNA切除修复活性与非预定DNA合成,并能显著减轻小鼠骨髓细胞和蚕豆根尖细胞的辐射遗传损伤,大大降低辐射引起的突变频率[216~219]。同时,螺旋藻多糖对辐射损伤不仅有预防作用,而且还能作为一种良好的药物,用来治疗由辐射引起的造血系统的损伤。如郭朝华等[220]研究表明螺旋藻多糖能促进造血细胞的增殖分化,参与造血干细胞和祖细胞对造血功能的直接或间接调控,对放射性损伤有一定的促进恢复作用。张成武等[221]研究表明,螺旋藻多糖可以促进受辐射动物造血功能的恢复。徐惠等[222]研究表明,螺旋藻多糖能显著抑制小鼠脾重指数、脾淋巴细胞的数目及其转化功能,使受辐射小鼠白细胞计数远高于对照,并可以促进动物体内放射性核素的排出。螺旋藻多糖能提高受环磷酰胺(CTX)作用和^{60}Co-γ射线辐射的动物骨髓细胞的再生能力,促进造血系统受辐射损伤的恢复[223]。这给某些癌症患者存在的免疫与造血系统的双重紊乱的现象提供了治疗思路。吴显劲等[215]从细胞水平探讨钝顶螺旋藻多糖的抗辐射作用,他们检测了小鼠胸腺细胞自发增殖反应及脾细胞对刀豆蛋白A、脂多糖的增殖反应,认为钝顶螺旋藻多糖对辐射损伤细胞有保护作用。郭春生等[224]将螺旋藻多糖与银杏叶有效提取物按不同比例复合,结果发现抗辐射作用优于螺旋藻多糖和银杏叶有效成分单一使用组。这证明了螺旋藻多糖与银杏叶有效成分复合使用能产生协同增效作用,最佳配比为螺旋藻多糖与银杏叶有效成分等量复合。刘永举等[225]将螺旋藻多糖与银杏叶提取物按1:1比例配制不同浓度的复合螺旋藻多糖。测量外周血白细胞数、小鼠脾脏和胸腺指数等指标,进一步证明了复合螺旋藻多糖对X射线辐射损伤小鼠的免疫功能有一定的保护作用。

6 其他活性

Hayacawa等[226]研究结果显示,螺旋藻硫酸多糖具有抗被动皮肤过敏及过敏性休克等作用,能提高肝素辅助因子Ⅱ的抗凝血活性,诱导组织纤维蛋白溶酶原激活剂的产生,减少血栓形成。王书全等[227]通过测定血乳酸、肝糖原、肌糖原等含量,研究螺旋藻多糖对小鼠的抗疲劳功效,结果表明各剂量螺旋藻多糖均能显著提高抗疲劳能力。

技术与应用篇

第5章　螺旋藻藻丝体的分离与纯培养技术

螺旋藻(*Spirulina*)藻丝体的正常形态为不分枝、规则紧密或松散的螺旋形。但在其保种和大规模培植中,规则螺旋形的藻丝体易因培养条件的变化而变成波浪形,甚至长直形。由这种形态变异而引起的藻种退化,易被其他生物污染,造成产量、质量下降及采收困难,已严重阻碍螺旋藻产业的进一步发展[228,229]。因此,对螺旋藻中不同形态的藻丝体进行分离和纯培养,是开展高产多糖螺旋藻优良藻种保存、复壮和选育以及实现高产优质工厂化培植的关键技术。国内外在这方面虽做了一些研究,但基本上都采用对单个藻丝体进行分离和培养的方法[24,230]。这些方法不仅操作难度较大,而且从单个藻丝体培养成较大量的藻丝群体需要较长的时间,因而在实际操作和应用中有一定的局限性。笔者在多年的螺旋藻藻种保存、诱变育种和大规模培植试验中,对目前常用的固体培养基分离法[230]和毛细吸管显微分离法[24,228]做了一些改进,并建立了随机取样分离法、静置培养分层分离法和离心分离法等新技术。

1　材料与方法

1.1　供试材料

钝顶螺旋藻(*Spirulina platensis*)品系Sp-Z由中国科学院植物研究所顾天青先生提供,品系Sp-S引自美国。现均保存于浙江大学原子核农业科学研究所藻种室。

1.2　培养液配制

采用Zarrouk's[231]配方:EDTA 0.08g/L、$FeSO_4 \cdot 7H_2O$ 0.01g/L、$CaCl_2 \cdot 2H_2O$ 0.04g/L、$MgSO_4 \cdot 7H_2O$ 0.20g/L、NaCl 1.00g/L、K_2SO_4 1.00g/L、$NaNO_3$ 2.50g/L、K_2HPO_4 0.50g/L及$NaHCO_3$ 16.8g/L。同时,在每升培养液中加入A和B两组微

量元素营养液各1ml,配方如表3所示。

表3 A和B两组微量元素营养液的配方

A液		B液	
试剂	用量/(g/L)	试剂	用量/(g/L)
H_3BO_3	2.68	NH_4VO_3	0.023
$MnCl_2 \cdot 4H_2O$	1.81	$K_2Cr_2(SO_4)_4 \cdot 2H_2O$	0.096
$ZnSO_4 \cdot 7H_2O$	0.22	$NiSO_4 \cdot 7H_2O$	0.048
$CuSO_4 \cdot 5H_2O$	0.08	$Ti_2(SO_4)_3$	0.040
MoO_3	0.015	$Co(NO_3)_2 \cdot 6H_2O$	0.044
		$Na_2WO_4 \cdot 2H_2O$	0.179

1.3 培养条件及生物量测定

置于光照培养箱中培养,光照强度为54μmol photons/(m²·s),光照时间为12h/d,光照和黑暗时温度分别为28℃和20℃,每天将藻液摇匀两三次。特殊培养条件另行说明。用754紫外–可见分光光度计(上海)测定螺旋藻的生物量,以波长560nm处的光密度为指标[24]。

1.4 藻丝体形态观察和统计

在OLYMPUS CH30光学显微镜(日本)下检测藻丝体的形态并摄像。藻丝群体中各种形态的比值,为随机检测100条藻丝体的统计结果。

1.5 静置培养时藻丝体在水体中的分布状况测定

拆除旧DYY–Ⅲ 28A型垂直板电泳槽(北京)内腔中的散热弯管,用厚度约为10mm的软橡胶剪成电泳槽密封圈。将螺旋藻静置培养于槽中,总体积为620ml,液面高度为10cm。用注射器针头从槽的侧面呈水平扎入橡胶圈,并轻轻插到槽宽的1/2位置,吸出3ml藻液,检测其光密度、藻丝体形态及生长情况。从液面底部起每隔2.5cm取1个样,共取5个样品。

2 结果

2.1 固体培养基分离法

参照Giovanna等[230]的方法进行。但由于螺旋形的藻丝体,在培养基上失水时因渗透压增大而易变成长直形[1]，所以为了保证固体培养基中有足够的水分，所用琼脂的量应从1.5%减至0.8%为宜。

由于接种于固体培养皿1和2的Sp-Z藻丝群体中螺旋形、波浪形和长直形的比值不同，所得藻落的形态也不同（见图3）。经镜检表明，由螺旋形和波浪形的藻丝群体组成的藻落（见图3A）呈堆积状，比较集中；而由长直形藻丝群体组成的藻落（见图3B）则不规则地向周边扩展，并与周围的藻落连成片。因此，根据藻落的形态，可初步判断藻落中藻丝群体的形态。

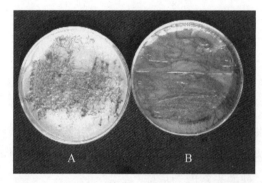

图3　生长于固体培养基上的Sp-Z接种于固体培养基A及B上的藻丝群体中螺旋形、波浪形和长直形的比例分别为67:28:5及11:6:83

形态全为螺旋形的Sp-Z藻丝群体（见图4B）培养过程中会生长繁殖出波浪形和长直形的藻丝体（见图4A）。这种具三种形态的藻丝群体可按上述方法分离和纯化出形态全为螺旋形（见图4B）或长直形（见图4C）的藻丝群体。

2.2　毛细吸管显微分离法

此法可参照文献[24，228]中的方法进行。同时，为了减小在毛细吸管插入培养液时，藻丝体位置的变化，可在培养液中加入少量的蔗糖，以减小培养液的流动性。汪志平等[24]已用上述方法对钝顶螺旋藻Sp-D品系中三种形态的藻丝体进行了分离和纯化。

2.3　随机取样分离法

此法是将待分离藻液用培养液稀释到OD_{560nm}约为0.1后，用尖细的接种针蘸取微量藻液至盛有0.5ml培养液的小指管中，待小指管中的藻液变绿后进行镜检。

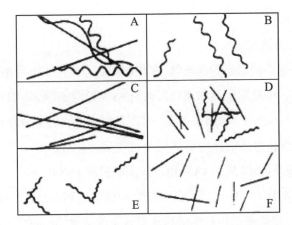

A. 螺旋形、波浪形和长直形的Sp-Z藻丝群体(100×);B. 螺旋形的Sp-Z藻丝群体(100×);C. 长直形的Sp-Z藻丝群体(100×);D. 螺旋形和长直形的Sp-S藻丝群体(40×);E. 螺旋形的Sp-S藻丝群体(40×);F. 长直形的Sp-S藻丝群体(40×)

图4　钝顶螺旋藻的形态

利用该法,也可从具三种形态的Sp-Z藻丝群体(见图4A)中,分离和纯化出全为螺旋形(见图4B)或长直形(见图4C)的藻丝群体。

2.4　静置培养分层分离法

由表4所示,将具螺旋形和长直形的Sp-S藻丝群体进行静置培养,螺旋形且粗壮的藻丝群体主要上浮于水体的表面和上半层,而长直形和生长不良的藻丝群体则几乎全都下沉于水底,只有少数悬浮于水体的下半层。这表明,不同形态的藻丝群体在水体中的分布存在着差异。

表4　钝顶螺旋藻Sp-S在静置培养时藻丝群体在培养液中的分布

距培养瓶底部的位置/cm	OD_{560nm}	R	生长情况
10.0	0.837	96:4	藻丝粗壮、均匀、色泽正常
7.5	0.068	89:11	大多数藻丝粗壮、色泽正常,但少数较细、变黄
5.0	0.021	71:29	藻丝间粗细、色泽不均一
2.5	0.014	57:43	藻丝间粗细、色泽不均一
0.0	0.192	27:73	多数藻丝较细且变黄

利用这一分布特性,可以用滴管将水体表层的藻丝群体吸到新的培养液中进行培养。如此重复3~5次后,即可在短时间内得到较大量螺旋形的藻

丝群体(见图4E)。

2.5 离心分离法

本法是根据不同形态的藻丝体,在相同离心力作用下沉降系数不同,而达到分离的目的。将具螺旋形和长直形的Sp-S藻丝群体(见图4D),用小型台式离心机在12000r/min下离心10min后,发现悬浮于表层的全为螺旋形的藻丝群体(见图4E),而长直形的藻丝群体则全沉于底部(见图4F)。同样,将具三种形态的Sp-Z藻丝群体(见图4A),用台式离心机在15000r/min下离心8min后,长直形的藻丝群体(见图4C)全沉于底部,而波浪形和螺旋形的藻丝群体则浮于表层。此外,螺旋藻被一些单细胞藻类等其他微生物污染后,也可利用离心法进行分离。若要在短时间内,从混杂的藻液中获得较大量的某种形态的藻丝群体,则可改用容量较大的离心机,在适合的离心力下进行分离。

3 讨论

从上面介绍的5种分离和纯化方法可知,前3种方法是以单个藻丝体的分离和培养为基础的。要获得较大量的纯的藻丝群体,一般需要30~50d,与固体培养基分离法和随机取样分离法相比,毛细吸管显微分离法对纯化的藻丝体具有较强的针对性,但操作技术的难度较大。在螺旋藻育种和藻丝体形态变异机理研究中,一般采用前3种方法,特别是毛细吸管显微分离法,将藻丝群体中极少数的突变或形态特殊的藻丝体分离出来后,再进行扩大培养。

后2种方法是根据不同形态藻丝体的上浮性和沉降系数的不同来进行分离和纯化的,它们适用于分离某一类形态的藻丝群体。与前3种方法相比,用这2种方法可在短时间内分离和纯化出大量的纯的藻丝群体,操作方法也较简便。在螺旋藻大规模培植中,可用这2种方法在较短的时间内完成藻种的纯化和复壮,从而保证高产优质的工厂化生产。

总之,对于上述所介绍的5种方法,要根据各螺旋藻品系本身的特性以及在科研、生产中所遇到的实际情况来选用。有时还需综合利用几种方法,才能在较短的时间内有效地达到分离和纯化的目的。

第6章 γ射线对螺旋藻的辐射生物学效应

γ射线是由放射性核素 ^{60}Co 或 ^{137}Cs 等衰变时释放出的不带电荷、无静止质量、具强穿透和电离能力的一类光子,是常用且有效的物理诱变剂。以之为诱发突变因子已育成了水稻、小麦、花卉等一系列高产、优质、抗逆、高品质等优点的新品种(系)。利用核技术及相关生物技术选育螺旋藻新品种(系),是有效解决现有螺旋藻品种(系)适应能力差、藻种退化严重、多糖含量低等生产实际问题的有效途径。为此,笔者比较了γ射线对不同品系和形态螺旋藻的辐射生物学效应,欲为核技术应用于螺旋藻的育种、培植及开发提供必要的理论依据与技术支持。

1 材料与方法

1.1 供试材料

盐泽螺旋藻(*Spirulina sabsalsa* var)品系Ss-V引自浙江大学生物技术系钱凯先教授,钝顶螺旋藻(*Spirulina platensis*)品系Sp-L、Sp-01和Sp-D依次由国家海洋局第二海洋研究所蒋加伦先生、中国科学院植物研究所顾天青先生和中国农业大学毛炎麟先生馈赠。现均保存于浙江大学原子核农业科学研究所藻种室。

1.2 辐照处理及培养条件

分别取在Zarrouk's培养液[231]中培养的处于对数生长期的4种螺旋藻丝状体,用 ^{60}Co-γ射线辐照,剂量分别为0.5、1.0、2.0、3.0、4.5、6.0kGy,剂量率均为15kGy/min。辐照后的藻液在光照培养箱中培养,光照强度为54μmol photons/(m²·s),光照时间为12h/d,白天为28℃,夜间为20℃。

1.3 生物量测定及形态观察、统计

在辐照后的当天及每隔3d,在固定时间用754紫外-可见分光光度计(上海)测定螺旋藻的生物量(以波长560nm的光密度值为指标,其中Ss-V的藻丝体会结团成块,在测定前要充分摇散)[23]。同时,在OLYMPUS CH30光学显微镜(日本)下检测藻丝体的形态并摄像。钝顶螺旋藻丝状体的平均长度(L)、Sp-D中弯曲形和长直形藻丝体数的比值(R值)均为随机检测50条藻丝体后的统计结果。

2 结果与讨论

2.1 四种螺旋藻丝状体的形态

4种螺旋藻丝状体形态见图5。由图5可知,盐泽螺旋藻(Ss-V)的藻丝体较细长且相互缠绕,能集团成块后浮于水面。而3种钝顶螺旋藻均能较均匀地分散于水体中,藻丝体的形态分别为:Sp-01为弯曲(螺旋形+短波浪形);Sp-D为弯曲形(螺旋形+长波浪形)和长直形的混合;Sp-L为长直形。

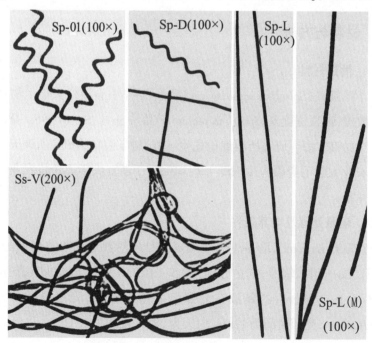

图5 四株螺旋藻及Sp-L突变体[Sp-L(M)]的形态

螺旋藻藻丝体的形态虽然在不同的培植条件下会有所变化,但长期的培植和观察表明,以上4种螺旋藻的形态能保持品系间的相对稳定性。

2.2　剂量效应

以辐照后培养9d的藻液光密度为指标,可得到4种螺旋藻的剂量效应曲线(见图6)。1.0kGy以下或0.5kGy以下的γ射线分别对Ss–V、Sp–01、Sp–D或Sp–L的生长有刺激效应;在0.5kGy剂量下的增长率,以Ss–V为最高;剂量提高至1.0kGy,Sp–L的增长率即急剧下降,其余三者的增长率不明显。随剂量的进一步增大,藻丝体的生长均受到明显抑制,根据它们对γ射线辐射敏感性的大小排列,依次为:Sp–L>Sp–D>Sp–01>Ss–V;半致死剂量依次为:1.5、2.5、3.0、4.2kGy;致死剂量依次为:3.5、6.0、6.0、大于6.0kGy。

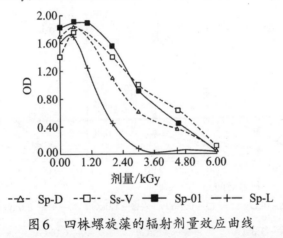

图6　四株螺旋藻的辐射剂量效应曲线

由上述结果可知,与高等植物、动物及其他低等生物相比,螺旋藻对辐射的敏感性虽然很低[23,232,233],但因品系及形态的不同而存在着较大的差异:钝顶螺旋藻>盐泽螺旋藻;而3种钝顶螺旋对辐射的敏感性又依次为:长直形的Sp–L>混合形的Sp–D>弯曲形的Sp–01。这种差异是否与各种螺旋藻中抗辐射多糖等物质含量的不同有关,还有待于深入研究。低剂量的γ射线可使盐泽螺旋藻和钝顶螺旋藻的生物量比对照组分别提高26%和4%～10%。因此,可以利用辐射的刺激效应实现增产。

2.3　辐照对螺旋藻生长的影响

经不同剂量的γ射线辐照,4种螺旋藻的生长曲线均产生了明显变化,低剂量对藻丝体的生长有促进作用,而高剂量则起抑制作用,甚至使藻丝体解体或死亡(见图7)。

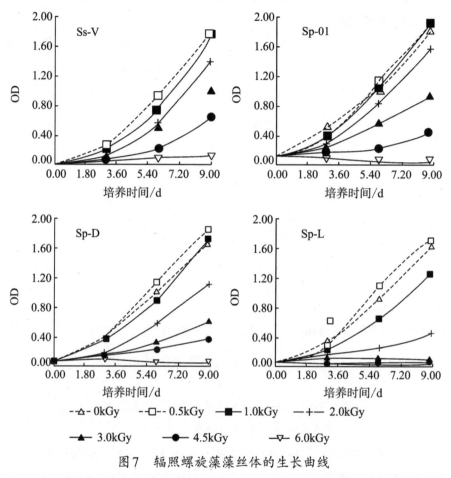

图7 辐照螺旋藻藻丝体的生长曲线

藻丝体的分裂生长能力在辐照后的3～6d,均低于对照组,而且随辐照剂量的增大而愈加明显。这可能是由于γ射线影响了藻丝体的正常生长,甚至引起了辐射损伤。在修复损伤的过程中,藻丝体的分裂生长必然会受到抑制。低剂量的γ射线只使藻丝体受到轻度损伤,较短时间内即可恢复正常生长,并且推测当藻丝体内某些与生长有关的内源物质(如酶、生长刺激因子等)被γ射线激活后,还可能会产生刺激效应;而高剂量的γ射线则使藻丝体受到较严重的损伤,需要较长的时间才能修复,当修复不完全或失去修复能力时,藻丝体就会停止生长,甚至解体。

此外,经相同剂量辐照后的各种藻丝体,它们的生长曲线也不尽相同(见图7),这就进一步表明了不同品系和形态的螺旋藻,对γ射线的辐射敏感程度不同。

2.4 γ射线对螺旋藻藻丝体形态的影响

2.4.1 对藻丝体长度的影响

3种钝顶螺旋藻经不同剂量的γ射线辐照后,当天和每隔3d在固定时间于显微镜下随机检测50条藻丝体的长度,即可得辐照后藻丝群体的平均长度(L)与培养时间变化的关系(见图8)。即低剂量的γ射线对3种钝顶螺旋藻L无明显影响;较高剂量的γ射线先使L持续变短,3~6d趋向平缓;高剂量的γ射线则使L几乎呈直线下降,直到藻丝体完全解体。由于盐泽螺旋藻Ss–V的藻丝体较长且相互缠绕,所以其长度不易准确测量。但我们也观察到在经较高剂量辐照的Ss–V中,出现了许多因断裂而变短的藻丝体,只是没有发现丝状体完全解体的现象。

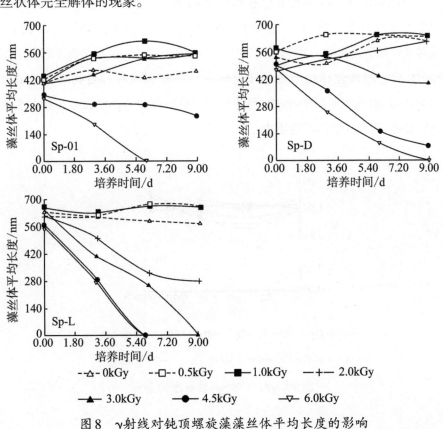

图8 γ射线对钝顶螺旋藻藻丝体平均长度的影响

低剂量的γ射线可能只对藻丝体中的细胞产生轻度的损伤且较易修复,所以不会导致藻丝体断裂而使L变短;而高剂量的γ射线则可使藻丝体中某些细胞受到较严重的损伤,藻丝体就会因这些失去修复能力的细胞自我解体而断裂变短。由于螺旋藻主要行断裂生殖方式,所以变短的藻丝体中的细胞仍有修复辐射损伤和进行分裂生长的能力。但当藻丝体中的细胞因受到高剂量γ射线辐照而产生不能修复的损伤时,藻丝体则会因这些细胞的逐渐解体而继续变短。因此,从各处理L值的不同变化,进一步表明了不同品系和形态的螺旋藻藻丝体对辐射的敏感性具有显著差异。

2.4.2 对藻丝体R值的影响

由图9所示,0.5、1.0kGy的γ射线不会对Sp-D中弯曲形藻丝体和长直形藻丝体数目的比值(R值)产生影响,R值基本上在1.17～1.33波动;而2.0、3.0、4.5kGy的γ射线,则使R值在辐照后的第3天分别下降到1.07、0.98和0.92,此后又开始上升,到第9天时,分别达到1.26、1.39和1.43;6.0kGy的γ射线对R值几乎无影响。我们在实验中发现,R值的变化,主要是由于辐照后的Sp-D,长直形藻丝体比弯曲形藻丝体更容易断裂成片和自我解体。而经6.0kGy的γ射线辐照后的Sp-D,弯曲形和长直形藻丝体都会发生持续断裂而最终解体,故对R值的影响不大。

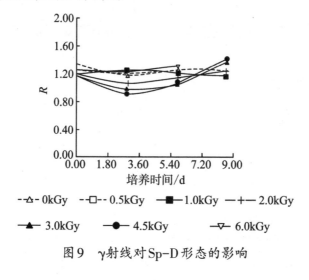

图9 γ射线对Sp-D形态的影响

这表明,同一品系中,不同形态的藻丝体对辐射的敏感程度也不相同,其原因有待进一步研究。

2.4.3 对螺旋藻细胞形态的影响

对经2.0kGy辐照后的Sp-L进行单个藻丝体培养,筛选出一种细胞比Sp-L几乎大一倍的突变体[Sp-L(M)],其形态也为长直形(见图5)。初步实验表明,这种藻丝体在15℃左右的生长速率明显快于Sp-L、Sp-D和Sp-01,具有良好的耐低温生长能力。这一突变种也许能使螺旋藻在较低温的地区或低温季节获得高产,当然,对于其遗传稳定性及应用于大规模培植的可行性,尚需做更深入的研究。

第7章 甲基磺酸乙酯对钝顶螺旋藻的诱变 生物学效应

甲基磺酸乙酯(Ethyl Methyl Sulfonate，EMS)是一种烷化剂，是常用且有效的化学诱变剂，以之为诱发突变因子已育成了水稻、小麦、花卉等的一系列高产、优质、抗逆、高品质等品性兼优的新品种(系)。EMS等化学诱变剂对生物的生理损伤小于γ射线等物理诱变剂的。利用EMS等诱发突变技术选育螺旋藻新品种(系)，可有效解决现有螺旋藻品种(系)适应能力差、藻种退化严重、多糖含量低等生产实际问题。为此，笔者比较了EMS对不同品系和形态螺旋藻的辐射生物学效应，旨在为EMS应用于螺旋藻高产多糖新品种(系)选育等提供必要的理论依据与技术支持。

1 材料与方法

1.1 供试材料

钝顶螺旋藻(*Spirullina platensis*)品系Sp-Z由中国科学院植物研究所顾天青先生赠送，现保存于浙江大学原子核农业科学研究所藻种室。

1.2 培养条件

采用Zarrouk's培养液[231]在光照培养箱中进行培养。光照强度为54μmol photons/(m²·s)，光照时间为12h/d，白天为28℃，夜间为20℃。

1.3 甲基磺酸乙酯处理

将处于对数生长期的藻液过滤，所得藻丝体分别放入浓度为0.2%、0.4%、0.6%、0.8%、1%的甲基磺酸乙酯(EMS)溶液(用pH7的磷酸缓冲液配制)中处理30min，无菌水冲洗1次，培养液冲洗4次，以洗去EMS残留，然后放入Zarrouk's培养液中培养。以未处理的作为第1对照(CK1)，以磷酸缓冲液处理的作为第2对照(CK2)。

1.4　生物量测定及形态观察、统计

在处理当天及以后每隔2~3d,用751紫外-可见分光光度计(上海)测定螺旋藻生物量,以560nm波长下的光密度值为指标[24],共测定7次。在培养10d时,在不同处理中各随机抽取50条藻丝体,在OLYMPUS CH30光学显微镜(日本)下观察藻丝体的形态,并摄像。统计藻丝长度、螺旋长度、螺旋数、螺旋宽度等参数。按以下公式[234]计算生长速率(K)。

$$K=1/[T\ln(W_1/W_0)]$$

式中:W_0为起始培养的生物量;W_1为培养结束时的生物量;T为培养的天数。

2　结果

2.1　EMS对螺旋藻生长的影响

以不同浓度EMS处理后的平均光密度值为指标,所得生长效应曲线见图10。由图10可见,经EMS处理后,螺旋藻的生长速率平均比未处理的对照组(CK)的降低10%左右;而用不含EMS的磷酸缓冲液处理后(CK2),螺旋藻的生长状况与正常培养的(CK1)基本相近,说明磷酸缓冲液对螺旋藻生长无明显的影响,而EMS则有抑制作用。所得剂量效应方程可用$Y=A+BX$来拟合。

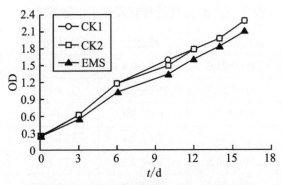

图10　EMS对螺旋藻生长的影响

处理后培养16d时,EMS浓度(C)与螺旋藻生长速率(K)的关系见图11。由图11可知,随着EMS浓度的增加,生长速率呈逐渐降低的趋势,生长速率与EMS浓度之间呈负相关,相关系数$r=-0.99$,达极显著水平,存在着剂量

效应。上述EMS浓度与螺旋藻生长速率这一关系曲线用线性方程$Y=A+BX$拟合后,得到剂量效应方程为:$K=-0.0117C+0.0422$。

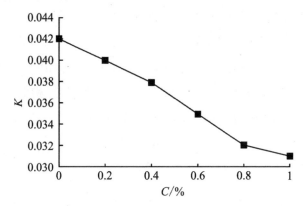

图11　生长速率与EMS浓度的关系

2.2　EMS对藻丝形态的影响

不同浓度的EMS处理后,螺旋藻藻丝体的形态参数见表5。低浓度(0.2%)EMS处理后,4种形态参数的平均值都与对照组的相近,随所用EMS浓度的增大,藻丝长度、螺旋数和螺旋长度都比对照组的明显增加,只有螺旋宽度的平均值变化不大,但不论在哪一种浓度下,4种形态参数的标准都变大了,说明EMS处理能明显地增加螺旋藻藻丝体的变异性。

表5　EMS处理后螺旋藻形态参数的变化

EMS浓度/%	藻丝长度/μm	螺旋数	螺旋长度/μm	螺旋宽度/μm
0	288+21.6	5.7+0.6	52.9+3.4	38.4+1.9
0.2	291+28.7	5.8+1.1	52.8+3.8	38.6+2.3
0.4	317+37.2	6.6+1.8	52.4+4.6	38.2+2.4
0.6	365+56.1	7.1+2.4	53.1+5.7	37.9+2.3
0.8	359+44.8	7.6+2.2	53.5+6.1	38.8+3.2
1.0	378+75.7	7.9+2.9	54.2+6.9	39.1+4.6

经EMS处理后,藻丝体的形态也发生了明显的变异(见图12)。很明显,经EMS处理之后,有些藻丝体与对照组的(见图12A)明显不同。有的藻丝体全段或部分区段螺旋致密,呈弹簧状(见图12B、C),有的变成波浪形(见图12D),有

的螺旋数极其明显地增多,藻丝体超长(见图12E),有的藻丝体部分区段的螺旋盘旋成羽状(见图12F),还有的甚至变成直线形(见图12G)。将上述形态变异的藻丝体分离纯化并培养后发现,有的能变回原来的形态,而有的则能长期保持稳定的变异形态。这表明由EMS引起藻丝体形态的变异,有的可能是生理生化水平的变化,不具有遗传性,而有的则可能是遗传突变,能将变异的形态稳定地遗传给后代。这与用γ射线辐射螺旋藻时所得的结果一致。

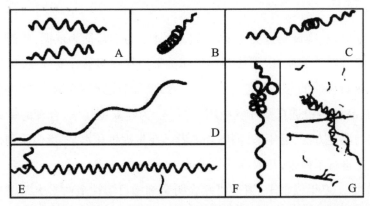

A. 正常藻丝的形态(CK1);B～G. EMS处理后不同形态变异的藻丝体

图12　Sp-Z经EMS处理后产生不同形态的藻丝体

3　讨论

变异是选择优良品系的基础。自发突变的频率较低,人工诱发突变在育种中具有重要作用。螺旋藻是一种原核细胞生物,一旦其遗传物质发生变异,就能表现。利用化学诱变,Riccrodi等[79]获得了抗氨基酸类似物的螺旋藻突变体,张学成等[21]选出了两个耐低温的螺旋藻株系。本实验在生长和形态两个方面的研究结果表明,EMS可诱发螺旋藻产生变异,也说明了化学诱变剂可用于螺旋藻的诱变育种。

目前,螺旋藻主要是依据形态学特征进行分类的[1, 6]。在螺旋藻中虽然自发突变的频率较低,但还存在着形态突变[2, 19],同时人工诱发也能使螺旋藻的形态发生改变,本实验的结果就证明了这一点。因而,我们同意Lewin的观点:只根据形态对螺旋藻进行分类是不合理的[235]。

第8章　基于蛋白质电泳分析的螺旋藻分类与突变体鉴定技术

长期以来,螺旋藻分类主要以其藻丝体形态学特征为依据,然而实验研究与生产实践均表明,因螺旋藻藻丝体的形态存在多形性变异,仅以这一经典方法进行种质的分类与鉴定,不仅不合理,而且已严重影响着螺旋藻种质保存、新品种(系)选育及开发应用[12,18,236]。为建立更科学、合理的螺旋藻种质分类与鉴定方法,近年来,国内外学者已在生理生化水平、蛋白质和核酸分子水平上进行了探索,并取得一些成果[13,30,36]。

20世纪60年代以来,诸多研究表明全细胞可溶性蛋白质十二烷基磺酸钠-聚丙烯酰胺凝胶电泳(SDS-PAGE)配合聚类分析是真菌鉴定和分类的一种重要手段[237,238]。近年来,这一方法也在细菌[239,240]以及高等植物泡桐[241]的鉴定和分类中得以应用,并被证明是一种简便、快速、可靠的分类方法。作为一种蛋白质含量高达60%~70%的蓝藻,用该方法对其进行分类和突变体鉴定在理论上是可行的,笔者曾于2000年对螺旋藻蛋白质的提取、电泳方法以及其在分类中的应用进行了初步探讨[13]。在此工作基础上,本研究改进了蛋白质提取方法,获得全细胞可溶性蛋白质,进而通过研究建立了基于SDS-PAGE、双向电泳(2-DE)、聚类分析等技术的螺旋藻种质分类与鉴定方法。

1　材料与方法

1.1　供试材料

选用的12株钝顶螺旋藻(*Spirulina platensis*)品系Sp-01~Sp-10、Sp-01(S)、Sp-01(L)均保存于浙江大学原子核农业科学研究所藻种室,它们均为由单细胞扩大培养成的单克隆藻丝群体。其中,Sp-01(S)为Sp-01经辐射诱变育成、能在海水培养液中良好生长的突变体;Sp-01(L)为Sp-01自发变成的直线形突变体。

1.2 培养条件及形态观察

采用Zarrouk's培养液[231],光照强度为54μmol photons/(m²·s),光照时间为12h/d。光照和黑暗时温度分别为28℃和20℃,在温控光照培养箱中培养,藻液每天摇匀三四次。在OLYMPUS CH30光学显微镜照相机(日本)下观测藻丝体的形态并照相。

1.3 可溶性蛋白的提取、分级及电泳样品制备

过滤处于对数生长期的藻丝体,加入约4倍体积的Tris-HCl提取液(0.15mol/L NaCl,0.125mol/L Tris-HCl,pH6.8),反复冻融3次,使细胞充分破碎,12000g离心20min,得到的上清液即为螺旋藻可溶性蛋白质提取液。取一定量提取液,加入4倍体积的预冷至−20℃的丙酮,使蛋白质完全沉淀,12000g离心10min,弃去上清,沉淀溶于适量SDS-PAGE样品缓冲液中,沸水浴5min作为电泳样品。

取适量Sp-01和Sp-10全细胞可溶性蛋白提取液,分别加入−20℃的丙酮(至丙酮体积占总体积的25%),−20℃下沉淀30min以上,接着12000g离心8min,所得沉淀用适量SDS-PAGE样品缓冲液溶解,上清液中继续加入−20℃的丙酮(至丙酮体积占总体积的45%),−20℃下沉淀30min以上,得到45%级份的蛋白沉淀;继续按上述类似的方法,得到60%和80%级份的样品。

蛋白质浓度测定参照Bradford[242]的考马斯亮蓝G-250法进行。

1.4 蛋白质SDS-PAGE分析

电泳参照Laemmli[243]及谷瑞升等[244]的方法进行。分离胶和浓缩胶浓度分别为12%和5%。一组蛋白质标准样品购自Phamacia公司,分子质量由小到大依次为14.4、20.1、30.0、43.0、66.2和97.4kD;另一组蛋白质标准样品购自上海生工生物工程技术服务有限公司,分子质量依次为40.0、57.5、66.2、97.4、116.0、212.0kD。

1.5 蛋白质双向电泳(2-DE)分析

选用Sp-01和Sp-10的25%丙酮沉淀得到的蛋白作为上样样品,等电聚

焦选用长度为7cm、pH3～10的胶条(购自Bio-Rad公司),电泳方法参照Amersham公司的《双向电泳原理与方法手册》及王景梅等[61]的方法。电泳完毕后,采用经典考马斯亮蓝染色,最后脱色得到电泳图谱。

1.6 蛋白质电泳图像采集、条带匹配与聚类分析

使用VersaDoc 3000凝胶成像系统(美国),对考马斯亮蓝R-250染色的电泳凝胶曝光成像。得到的凝胶图像用Quantity One软件自动找带,计算每一条带的相对分子质量,并对不同样品条带进行自动匹配和手动校正,差别小于1%时认为是同一条带。

根据匹配结果计算样品间的距离系数(D):

$$D = 100[1 - 2n_{xy}/(n_x + n_y)]$$

式中:n_{xy}是两样品共有的条带总数;n_x、n_y分别是两样品各自的条带总数。

得到的距离系数矩阵经PHYLIP软件包平均连锁法(UPGMA)聚类分析,生成UPGMA聚类树状图。

2 结果与讨论

2.1 钝顶螺旋藻的形态学特征

钝顶螺旋藻Sp-01～Sp-10的形态见图13。它们在形态上均为有规则的弯曲形,细胞直径相近。但不同品系的藻丝长度、螺旋数、螺距有较大区别:Sp-02、Sp-03、Sp-04、Sp-05、Sp-06、Sp-07为螺旋形,其中Sp-06的螺旋度最大、螺距最小;Sp-10和Sp-01为较短的波浪形;Sp-09为较长的波浪形,螺旋度最小。这些形态学特征是目前对螺旋藻进行分类的主要依据[235]。

值得指出的是,有些螺旋藻株尽管形态相近,它们的生理生化等特征却有较大差异;且同一藻株往往会因培养条件等改变而产生多种形态[13]。因此,仅依据形态学特征对螺旋藻进行分类与鉴定是不合理的。尽快在分子水平上建立合理、有效的螺旋藻分类方法,具有十分重要的理论与实际意义。

2.2 螺旋藻蛋白质SAS-PAGE分析方法建立

一般用Tris-HCl提取液或SDS提取液从生物样品中提得的蛋白质,不需进一步纯化就可直接用于SDS-PAGE分析[18]。但直接用Tris-HCl提取液或

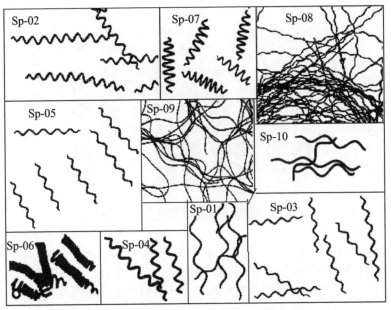

图13 钝顶螺旋藻的形态（除Sp-08和Sp-09的放大倍数为40×外，其余的为100×）

SDS提取液提得的螺旋藻蛋白质作出的SDS-PAGE图谱（见图14中1～3、4～6），其背景深、层次不分明、条带不清晰，难以满足蛋白质水平的分类及突变体鉴定的需要，因而需对所提蛋白质做进一步纯化，以改善图谱质量。同时，SDS提取液可比Tris-HCl提取液从螺旋藻中提取出更多、分子质量范围更宽的蛋白质，电泳图谱的信息量更为丰富。

将SDS提取液提得的粗提物用约3倍体积的－20℃冷丙酮沉降处理后，所得蛋白液的颜色明显变浅，由原来的深蓝绿色变成浅黄绿色，SDS-PAGE图谱（见图14中7～9）不仅背景浅，层次分明，蛋白质条带清晰，而且图谱的信息量大，可见多至19条清晰的蛋白质条带。因此，用SDS提取液提取螺旋藻中的蛋白质并经冷丙酮沉降纯化，可得到质量高、信息量大的电泳图谱，适用于螺旋藻蛋白质水平的分类及突变体鉴定等研究。

此外，虽然螺旋藻这种光合蓝细菌在诸多方面兼具植物和细菌的某些特性，但其蛋白质提取及SDS-PAGE分析方法则主要与谷瑞升等[244]报道的木本植物的相近，从而表明螺旋藻的蛋白质分析方法与植物的更类似。

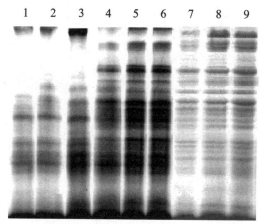

1～3：用Tris-HCl提取液提取，未用丙酮沉降；4～6：用SDS提取液提取，未用丙酮沉降；7～9：先用SDS提取液提取，再用丙酮沉降。(1、4、7)、(2、5、8)和(3、6、9)的点样量分别为7、10、15μg蛋白

图14　蛋白质的不同提取方法对SDS-PAGE的影响

2.3　螺旋藻可溶性蛋白的SDS-PAGE及聚类分析

按照上述方法对10株钝顶螺旋藻进行分析，得到可溶性蛋白质SDS-PAGE图谱(见图15)，根据图谱进行条带数和分子质量的统计。在全部出现的57条带中，具有多态性的有44条，占总数的77.2%。其中分子质量为97.9、67.9、48.1、42.5、28.4、25.9、20.5、19.2、15.6、13.9、13.1、12.4和11.7kD的13条条带是所有材料共有的，可以看作是钝顶螺旋藻的特征条带，同时也证明它们的亲缘关系较近，与其同属一个种的事实相吻合。

但不同藻种间蛋白质条带又存在差异。例如，Sp-07在20.5～25.8kD处没有蛋白质条带；Sp-03、Sp-04和Sp-05在28.4～31.5kD处的蛋白质条带比其他藻种明显；Sp-04中28.4kD处的蛋白质表达较其他藻种多，但48.1kD处的蛋白质表达却很少；尤其值得注意的是，Sp-09中单独存在16.9kD处的蛋白质条带，就其所占比例判断这可能是藻胆蛋白的一个亚基，提示着Sp-09中藻胆蛋白亚基组成与其他藻种不同。以上不同藻种间蛋白质条带的各种差异都可以作为不同螺旋藻的分类特征。

为了进一步了解不同藻种间的亲缘关系，我们对10株钝顶螺旋藻的SDS-PAGE图谱条带进行了两两匹配，并得到相应的距离系数矩阵(见表6)

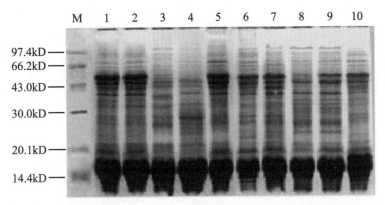

图15　10株钝顶螺旋藻可溶性蛋白SDS-PAGE图谱

和聚类分析图(见图16)。结果显示:①在聚类分析图上,Sp-09与其他9株相距甚远,是一个比较特殊的品系;②以欧氏距离为12为阈值时,十个品系可聚为四大类,其中Sp-09单独为一类,Sp-03、Sp-04和Sp-05为一类,Sp-07为一类,其余五个品系为一大类;③以欧氏距离为10为阈值时,上述第四类又可分为两类,其中Sp-10、Sp-01和Sp-06为一类,Sp-02和Sp-08为一类。

表6　10株钝顶螺旋藻材料间的距离系数矩阵

藻株	Sp-01	Sp-02	Sp-03	Sp-04	Sp-05	Sp-06	Sp-07	Sp-08	Sp-09	Sp-10
Sp-01	0.00									
Sp-02	21.74	0.00								
Sp-03	36.36	21.74	0.00							
Sp-04	40.98	40.63	21.31	0.00						
Sp-05	33.33	27.27	4.762	17.24	0.00					
Sp-06	11.76	23.94	35.29	39.68	35.38	0.00				
Sp-07	32.20	25.81	35.59	44.44	32.14	34.43	0.00			
Sp-08	21.31	15.63	21.31	32.14	17.24	26.98	22.22	0.00		
Sp-09	31.25	34.33	31.25	45.76	31.15	36.36	36.84	35.59	0.00	
Sp-10	0.000	21.74	36.36	40.98	33.33	11.76	32.20	21.31	31.25	0.00

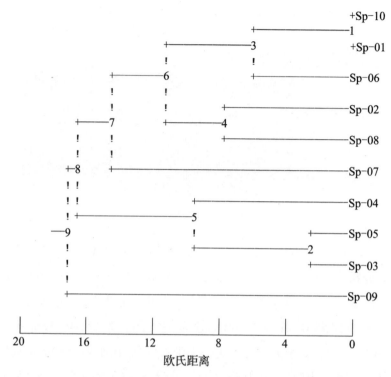

图16　10株钝顶螺旋藻材料的聚类分析图

上述聚类分析结果与10个藻种生理生化特性和分子遗传背景特征比较吻合。例如,Sp-01和Sp-10尽管来源不同,但它们的藻体形态、培养条件、对环境的适应性等方面都惊人地相似;Sp-07的基因组DNA外还存在一个小片段DNA。这些结果都进一步表明,将蛋白质电泳结合聚类分析用于螺旋藻的分类是可行的。

2.4　蛋白质分级沉淀及SDS-PAGE技术鉴定Sp-01、Sp-10

以上提及Sp-01和Sp-10在藻体形态、培养条件、对环境的适应性等方面都惊人地相似,而在全细胞可溶性蛋白质SDS-PAGE图谱上也看不出两者有明显的差异。为了找到差异蛋白质条带,笔者对它们的全细胞可溶性蛋白质各自进行丙酮分级沉淀处理(分成25%、45%、60%、80%四个级份),然后进行SDS-PAGE。

从图17可知,经过分级沉淀处理后,样品蛋白质条带总数增加,信息量明显扩大,但是仍旧看不出Sp-01和Sp-10的明显差异条带,似乎Sp-01和Sp-10真的是属于同一个品系。众所周知,双向电泳是目前分离与鉴定蛋白质最有效的工具之一,提供的蛋白质信息比常规的SDS-PAGE丰富得多,为了进一步确证Sp-01和Sp-10的亲缘关系,笔者运用了这一工具。

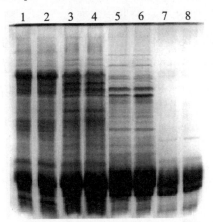

1、3、5、7依次为25%、45%、60%、80%级份的Sp-10蛋白质;2、4、6、8依次为25%、45%、60%、80%级份的Sp-01蛋白质

图17　Sp-10和Sp-01的丙酮分级SDS-PAGE图谱

2.5　Sp-01和Sp-10双向电泳鉴定

因为螺旋藻蛋白质中藻蓝蛋白的含量高达60%[19],若直接用全细胞可溶性蛋白质进行双向电泳,藻蓝蛋白会掩盖了其他蛋白质的信号,所以选用25%丙酮沉淀得到的蛋白级份作为上样样品。

比较Sp-10和Sp-01的双向电泳图谱(见图18)可知,Sp-10在b处有蛋白

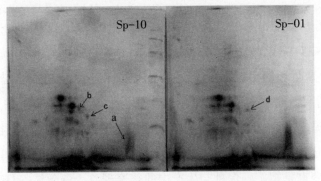

图18　Sp-10和Sp-01的双向电泳比较

质点,而Sp-01没有;Sp-10在c处的蛋白质点和Sp-01在d处的蛋白质点等电点相同,但分子质量不同;Sp-10在a处的蛋白质表达量明显比Sp-01在相应位置上的蛋白质表达量小。以上Sp-10和Sp-01在蛋白水平上的种种差异很可能决定了Sp-10和Sp-01属于不同的品系。

2.6 利用蛋白质SDS-PAGE鉴定突变体

图19为Sp-Z及其突变体Sp-Z(S)和Sp-Z(L)的蛋白质SDS-PAGE图谱。这3株材料的蛋白质分子质量分布及含量非常相近,充分表明了它们在分子遗传学上的近亲关系。然而,即使在相同培养条件下,它们的蛋白质SDS-PAGE图谱又存在着明显差异:Sp-Z(S)比Sp-Z、Sp-Z(L)多了1条清晰的43kD蛋白质条带;Sp-Z(L)比Sp-Z、Sp-Z(S)则少了87kD这一清晰的蛋白质条带。这表明这3株螺旋藻在分子遗传学方面又存有明显差异。

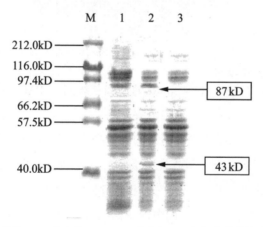

M:蛋白质标准样品;1~3依次为Sp-Z、Sp-Z(S)和Sp-Z(L);上样量均为10μg

图19 蛋白质SDS-PAGE在螺旋藻突变体鉴定中的应用

Sp-Z(S)是Sp-Z细胞经^{60}Co-γ射线辐射诱变育成的、能在由海水配制的培养液中快速生长的突变体,其形态与Sp-Z很相近,很难根据形态学特征确定其为新品系。而电泳分析结果不仅在分子水平上表明Sp-Z(S)确实为突变体,而且提示43kD处的蛋白质可能与螺旋藻的耐盐和耐Cl^-等生化特性相关,为进一步探明螺旋藻的耐盐机理及克隆相关基因奠定了良好基础。同时,藻丝体变直是螺旋藻保种与生产中的普遍现象。藻丝体一旦变成,不仅会带来产量和质量急骤下降、难以采收及易受其他生物污染等严重问题,而且因不能回到弯曲形而无法再应用于生产,故目前普遍认为藻丝体变直即意味着藻种的永久性退化,有关藻丝体变直的原因仍不清楚[19]。本研究首次发现12株弯曲形的藻丝体均有87kD的蛋白质条带,唯独直线形的Sp-Z(L)没有。这不仅表明螺旋藻变直至少是一种蛋白质水平上的变化,而且提示87kD的蛋白质条带很可能与螺旋藻正常弯曲形这一重要形态的建成密切相关。这一发现为阐明螺旋藻形态建成的分子机理,从根本上解决因形态变异引起优良藻种退化问题,提供了契机。

3 结论

当前对螺旋藻分子遗传背景仍不十分清楚,要想实现螺旋藻转基因育种还很遥远,因而诱变育种仍是目前获得螺旋藻新品种(系)的主要途径。突变体的筛选与鉴定是诱变育种必不可少的重要环节[25,86]。蛋白质是生物功能的执行者,从蛋白质水平对螺旋藻进行分类可能更具有理论和实践意义。上述实验结果显示,通过蛋白质电泳对螺旋藻进行分类的结果与从螺旋藻形态解剖、生理生化角度进行分类所得的结果比较吻合,因此,蛋白质电泳技术在螺旋藻分类研究和种质鉴定中是可行的。另外,上文提到Sp-01和Sp-10两个藻种用传统的分类方法难以区分,而在双向电泳结果中却能看出它们的明显差异,这进一步说明了蛋白质电泳可以作为螺旋藻传统分类方法的重要补充。此外,蛋白质电泳作为一种技术手段,与其他方法相比,具有简便、快速、高重复性、高通量的特点。

第9章　基于RAPD分析的高藻胆蛋白钝顶螺旋藻新品系选育与鉴定

藻胆蛋白(Phycobiliprotein,PBP)是存在于蓝藻、红藻、隐藻和甲藻中特有的光合天线色素蛋白[245]。螺旋藻是一种古老的原核丝状光合放氧蓝藻,也是当前全球开发规模最大的经济微藻[41,245]。螺旋藻PBP主要由藻蓝蛋白(Phycocyanin,PC)和别藻蓝蛋白(Allo-phycocyanin,APC)组成,其在目前广泛用于商业化开发的钝顶螺旋藻(S. platensis)和极大螺旋藻(S. maxima)这两个种中约占细胞干重的10%～20%[245,249]。众多研究和临床实践证明,螺旋藻PBP不仅是一种理想的天然食用色素,而且因具有稳定、高效的荧光活性而被开发成新型分子荧光探针和肿瘤激光治疗光敏剂,同时,它还具有抗氧化、抗菌、抑制肿瘤和促进细胞生长等生理活性,因而当前有关它的研发深受国内外广泛关注,其含量更是螺旋藻粉质量优劣的重要指标之一[245~249]。螺旋藻PBP的生物合成与累积受基因与环境的综合影响。国内外在通过优化培植与干燥加工条件、转基因表达技术等途径提高PBP产量等方面已做了一些研究,其成果对生产实践具有重要的指导与推动作用[245~250],但尚未见有关高产PBP新品种(系)选育及产业化开发利用等方面的报道。笔者以PBP含量较高的钝顶螺旋藻为出发品系,利用诱发突变与分子标记技术育成了1株生产性状好、PBP含量高达30%的新品系。同时,本研究所建的基于RAPD(Randomly Amplified Polymorphic DNA,随机扩增多态性DNA)分析的高藻胆蛋白钝顶螺旋藻新品系鉴定技术,也可用高产多糖螺旋藻突变体等的鉴定。

1 材料与方法

1.1 供试材料

9株钝顶螺旋藻（*Spirulina platensis*）品系Sp-NCS1、Sp-T、Sp-YE15、Sp-CH、Sp-HUF01、Sp-IDF、Sp-WSY、Sp-JFR和Sp-CSH保存于浙江大学原子核农业科学研究所藻种室，均可用于工厂化生产。

1.2 培养条件

采用Zarrouk's培养液[231]培养。实验室培养在全自动温控光照培养箱中进行，光照强度为$54\mu mol\ photons/(m^2 \cdot s)$，光照时间为12h/d，光照时为28℃，黑暗时为20℃；工厂化培植试验在浙江大学原子核农业科学研究所微藻试验基地进行，培植池呈跑道型，盖有塑料薄膜，面积为$300\sim800m^2$，培养液深约30cm，流速约为15ml/min。

1.3 诱变处理及突变体筛选

诱变处理及突变体筛选参照汪志平等[87]、崔海瑞等[22]的方法进行。用组织匀浆破碎和离心沉降法制得其单细胞或原生质球，先以0.6% EMS处理30min，再用2.4kGy的^{60}Co-γ射线辐照，经藻丝单体分离培养、PBP含量检测及培养试验进行筛选。

1.4 藻胆蛋白含量测定

参照朱广廉等[251]的方法并略做改进。将培养至对数生长期的待测藻液约20ml摇匀后分成等体积的两份，分别置于垫有滤纸的布氏漏斗上抽滤，并用蒸馏水清洗3次。一份藻泥于50℃恒温干燥箱中烘至恒重，称得干藻重（设为*M*），用于计算藻胆蛋白的含量；另一份藻泥移入10ml带盖离心管中，加入10mmol/L磷酸缓冲液（pH6.8）5ml并摇匀，放入－30℃的低温冰箱中冻成冰后，取出置于暗处，室温下解冻，如此反复冻融三四次，直至藻细胞破碎、溶液呈深蓝色。用UNIVERSAL-320R离心机（德国）于12000r/min离心10min后所得上清液（设体积为*V*）在Ultrospec2000紫外-可见分光光度计（美国）上做$200\sim750nm$波长的吸收光谱扫描。螺旋藻干粉中，藻蓝蛋白（PC）的含量（g/100g）＝$(18.7A_{620nm}-8.9A_{652nm})\times V(ml)/M(mg)$、别蓝蛋白（APC）的含量（g/100g）＝

$(19.6A_{652nm}-4.1A_{620nm})\times V(ml)/M(mg)$。式中：$A_{620nm}$和$A_{652nm}$分别为藻蓝蛋白和别蓝蛋白的特征吸收峰。藻胆蛋白(PBP)含量为上述所测的PC和APC含量之和。利用SAS v9.0软件对数据做显著性差异等统计分析。

1.5 RAPD分析及显微形态学观察

参照李晋楠等[36]与汪志平等[19]的方法进行。用溴化十六烷三甲基铵(CTAB)法提取螺旋藻基因组DNA,所用的23条随机引物购自上海生工Sangon(Canada)生物工程技术服务有限公司,编号依次为S23、S24、S31、S33、S35、S38、S40、S53、S59、S66、S69、S70、S73、S78 S80、S82、S88、S90、S91、S99、S112、S118、S119。

2 结果与讨论

2.1 出发品系的确立

表7列出了9株应用于工厂化生产的钝顶螺旋藻优良品系的PC、APC、PBP在干藻粉中的含量,以及PC与APC的比值(PC/APC)。9株钝顶螺旋藻的PC、APC和PBP的含量分别为10.74～16.26g/100g干藻粉、3.67～5.55g/100g干藻粉和14.42～21.81g/100g干藻粉。3种蛋白质含量均以Sp-CH的为最大,Sp-IDF的为最小。9株品系的PC/APC为2.87～3.05。

表7 9株螺旋藻的蛋白含量比较

单位：g/100g干藻粉

株系	PC	APC	PBP	PC/APC
Sp-NCS1	14.86±0.08[C]	5.09±0.12[BC]	19.95±0.20[C]	2.92±0.05[AB]
Sp-T	15.22±0.13[B]	5.30±0.07[AB]	20.52±0.20[B]	2.87±0.01[B]
Sp-YE15	15.24±0.17[B]	5.21±0.16[B]	20.45±0.06[B]	2.93±0.12[AB]
Sp-CH	16.26±0.12[A]	5.55±0.18[A]	21.81±0.30[A]	2.93±0.07[AB]
Sp-HUF01	14.32±0.07[D]	4.70±0.02[D]	19.02±0.06[D]	3.05±0.02[AB]
Sp-IDF	10.74±0.06[G]	3.67±0.05[F]	14.41±0.07[G]	2.93±0.04[AB]
Sp-WSY	13.83±0.04[E]	4.53±0.03[D]	18.36±0.05[E]	3.05±0.02[A]
Sp-JFR	14.58±0.10[CD]	4.81±0.06[CD]	19.39±0.05[D]	3.03±0.06[AB]
Sp-CSH	12.41±0.19[F]	4.19±0.04[E]	16.60±0.21[F]	2.96±0.04[AB]

注：同一列中不同字母表示差异达到显著水平(0.05)

国内外有关螺旋藻的PC、APC、PBP含量已有许多报道,结果因研究者所用的品种(系)、培植与加工条件、测定与计算方法等不同而有所差异。Sarada等[245]报道1株可用于工厂化培植的钝顶螺旋藻品系CFTRI的PC含量可高达其细胞干重的19.4%;Zhang等[246]研究发现钝顶螺旋藻在自养条件下,PC含量随培养时间的变化不大,为13%～14%,而当以葡萄糖为碳源进行混养培养时,PC含量在培养之初降至5%,而后随时间延长升至10%;张少斌等[247]在研究1株藻丝变直的钝顶螺旋藻突变株SP-Dz时发现,其PBP含量随温度变化幅度为14%～22%。表7中所测的是9株钝顶螺旋藻在标准自养培养条件下的PC、APC、PBP含量,与国内外所报道的结果相近。从表7还可看出,9株螺旋藻间的PC、APC、PBP含量,除某些藻株间的较相近外,多数藻株间的差异达到显著水平。同时,9株螺旋藻PC与APC含量间的相关系数为0.984,PBP与PC、APC含量间的相关系数分别达0.999和0.991。螺旋藻中PC和APC含量之间的高正相关性,也可从各藻株间PC/APC的高相近性得以体现。利用高分辨率的X射线衍射和结构解析研究螺旋藻和多管藻等蓝藻的PBP晶体,结果表明,不同来源的PBP的晶体结构十分相似,从而提示蓝藻PBP的空间结构及其组成蛋白质PC、APC的比例是相当稳定的,只有在某些特定生长条件下或发生遗传变异时才可能发生变化[246,248,249]。综合表7中的测定结果及各藻株在大规模培植中的生产性状,宜以PBP含量最高的Sp-CH为选育高产PBP新品系的出发株。

2.2 高产PBP新品系的选育及工厂化培植试验

将处于对数生长期的Sp-CH藻丝体(见图20A)用组织匀浆法制备成单细胞或原生质球(见图20B),经0.6%的EMS和2.4kGy的^{60}Co-γ射线辐照复合诱变处理后,涂到预先配制好的无菌琼脂固体培养基上进行培养;对长出的藻落进行显微形态观察,以及藻丝单体分离与培养后,分别测定各候选株的PC、APC和PBP含量。经过2年多的实验室、小试、中试及生产培植试验,笔者于2004年选育出1株PC、APC和PBP含量依次比其出发品系Sp-CH约高36%、89%和50%的突变株,因其在藻丝单体分离培养过程中的编号为32,故将其命名为Sp-CH32(见图20C)。为进一步考察Sp-CH32在工厂化生产中的遗传稳定性和生产性状,从2004年8月至2006年11月,笔者对Sp-CH32做了9个批次工厂化培植,并测定了各批次的PC、APC和PBP含量,其平均值依次为22.05、11.49和32.54g/100g干藻粉(见表8)。

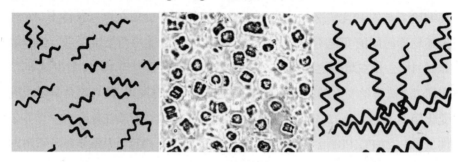

A. Sp-CH(100×)　　B. Sp-CH细胞(400×)　　C. Sp-CH32(100×)

图20　Sp-CH32及其亲本Sp-CH的显微形态学特征

表8　Sp-CH32在工厂化培植中不同采收批次的蛋白含量

单位:g/100g干藻粉

采收时间	PC	APC	PBP	PC/APC
2004-8-23	21.36	10.20	31.57	2.09
2004-9-17	20.21	9.67	29.87	2.09
2004-10-6	22.76	10.46	33.22	2.18
2004-10-27	21.56	9.98	31.54	2.16
2005-4-18	22.34	10.17	32.51	2.20
2005-5-13	23.52	12.30	35.82	1.91
2005-7-17	20.85	9.74	30.59	2.14
2006-6-24	23.04	11.69	34.73	1.97
2006-11-23	22.77	10.21	32.98	2.23
平均值	22.05	10.49	32.54	2.11

如图20所示,Sp-CH藻丝一般为2~4个螺旋,长度为150~200μm。与大多数蓝藻一样,螺旋藻细胞外层具鞘,细胞壁由4层构成、呈革兰氏阴性菌的典型结构。因其细胞结构的特殊性,很难制得如高等植物一样的细胞壁被完全除净的原生质体,而只能得到残余部分细胞壁、类似于原生质体的原生质球[68]。图20中呈方形的为Sp-CH的单细胞,圆形或椭圆形的为原生

质球。螺旋藻完整藻丝体具有很强的抗辐射能力,而当制备成单细胞或原生质球后,辐射敏感性即显著提高,且有利于诱变处理及突变体筛选[87,94]。因尚未确立与螺旋藻高PBP含量相关、可用作目标突变体选择压力的因子,笔者历经了2年多的努力,根据藻丝与细胞形态、色泽等表观特性,并结合繁重的单藻丝体克隆培养及PBP等生理生化指标检测,而获得了目标突变体。Sp-CH32的藻丝呈5～7个螺旋,长度为400～600μm,为其亲本Sp-CH的2～3倍,从而极大地克服了Sp-CH在工厂化培植中较难快速过滤采收藻体这一影响品质和产量的突出问题。由表8可知,在3年多的工厂化培植中,Sp-CH32的PBP含量虽也会受生长温度和营养状况等诸多因素的影响,但在全年的生产周期内(冬季因气温低一般停产)均能保持在30%以上,比Sp-CH等普通藻株的高近50%。值得进一步指出的是,Sp-CH32中PC和APC含量与Sp-CH等的相比,虽均有大幅度提高,但APC的增幅是PC的近2.5倍,这也就导致了表8中Sp-CH32 9个批次的PC/APC为1.91～2.23,平均值为2.11,比表7中Sp-CH等藻株的减少了近30%。事实上,不管在实验室还是工厂化培植中,Sp-CH32藻体和藻粉的色泽均比Sp-CH等藻株的更显墨绿色,这与Sp-CH32中PBP含量大幅度提高,特别是APC含量大幅度提高密切相关。前面已讨论过,对于大多数藻株,PBP结构及PC、APC比例在一般情况下非常稳定[246,248,249],对于Sp-CH32中PC和APC含量的大幅度提高及其比例的显著变化,是否会引起PBP及由之装配成的藻胆体的结构,以及其在光合作用中电子传递等方面的功能也发生相应变化等问题,目前正在研究之中。

2.3　Sp-CH32的RADP分析

以Sp-CH32及其亲本Sp-CH的基因组DNA为模板,李晋楠等[36]筛选出的23条对螺旋藻DNA做PCR时具清晰电泳条带、明显多态性的10-mer寡核苷酸为随机引物,进行RAPD分析,以检测Sp-CH32与Sp-CH在分子遗传水平的差异性。如图21所示,除S38扩增产物的电泳图谱中Sp-CH32比Sp-CH的多了2条约700和1470bp的条带,S65、S78、S58和S53等其他22条引物对Sp-CH32和Sp-CH扩增的电泳条带均相同。

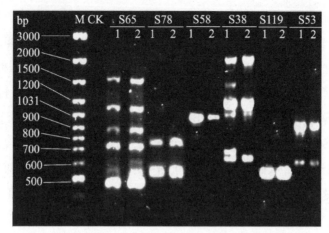

M:DNA标准样品;1:Sp-CH32;2:Sp-CH;CK:阴性对照

图21　Sp-CH32与其亲本Sp-CH的RAPD电泳图谱

　　RAPD技术可以简便、灵敏地检测基因组DNA的多态性,已广泛应用于包括螺旋藻在内的许多生物的分子标记与鉴定、分类学研究[36, 252]。虽有学者指出RAPD技术的灵敏度高而重复性较差,但我们经多次重复试验表明,RAPD结果的重复性主要与实验条件和操作者的熟练程度等有关。只要操作熟练,保持反应条件、反应体系所用的试剂来源和浓度一致,并确保反应程序中各环节和各参数的稳定性,重复的结果是不难得到的。此外,对实验中可能出现的假阳性条带给统计分析带来干扰的问题,可通过设置阴性对照(见图21)、改善反应条件或增大样本分析数目等方法来解决。

　　本实验室已将RAPD技术成功用于螺旋藻的种质鉴定与分类学研究[36]。图21中23条有效引物对Sp-CH32和Sp-CH的扩增产物中,仅1条有显著的多态性差异,而其他的则完全一致,既反映了Sp-CH32和Sp-CH分子遗传背景的高度统一性,又表明Sp-CH32确为Sp-CH在DNA水平发生变异的突变体。目前我们正从上述RAPD差异条带序列分析及相关基因克隆等方面开展研究,以明确Sp-CH32突变位点,并阐明其高产PBP及PC/APC发生巨变的分子机理。

第10章 螺旋藻多糖含量测定方法的建立与优化

目前,国内外大多先将生物样品做热水回流提取等预处理后,再采用硫酸-苯酚分光光度法或硫酸-蒽酮分光光度法测定其多糖含量。综合前人与我们所做的工作,现有的应用于螺旋藻多糖的高产技术研究的方法存在如下主要问题:①所需样品量大(一般至少0.5g),实际试验中一般只能提供mg级的样品;②样品前处理费时、费力,乙醇和冷却水用量大,且每个样品都需要一套水浴锅、烧瓶和冷凝回流管等,因而不适合大批量样品测定;③样品前处理过程一般不重复,样品间测量结果误差较大,影响后续测量定结果;④一般都以葡萄糖为测定标准品,它与螺旋藻多糖在测定体系中显色物的光谱差异较大,会带来较大的系统误差。

同时,已有报道表明,硫酸-苯酚法在实验数据的精密度和稳定性方面均优于硫酸-蒽酮法[253],因而我们采用硫酸-苯酚法测定螺旋藻的多糖含量。其基本原理为:多糖在浓硫酸的作用下水解成单糖,单糖迅速脱水生成糠醛及其衍生物,该物质可与苯酚缩合成有色化合物,在波长490nm左右有最大吸光值,且在一定浓度范围内,其吸光值和糖浓度呈线性关系,从而可利用比色法测定多糖含量[254]。迄今为止,运用硫酸-苯酚法测定羊栖菜、枸杞、冬虫夏草、灰树花等多糖含量的研究报道较多[253~255],而对螺旋藻多糖含量测定的报道较少。

综上所述,我们在现有方法上,对螺旋藻多糖测定中的样品预处理方法、标准品、测定波长、浓硫酸加入方法与体积、反应时间和显色温度等进行了一系列改进与优化,在国内外首次建立了螺旋藻总多糖、水溶性多糖和水不溶性多糖的微量快速测定技术(样品量仅需2~3mg),并研制了一种由多种单糖复合而成的用于螺旋藻多糖含量测定的标准品(SPS-std),从而为螺旋藻多糖研究与开发提供了必要的技术方法。

1　材料与方法

1.1　供试材料

钝顶螺旋藻(*Spirulina platensis*)干粉,由浙江大学生物资源与分子工程实验室制备。

1.2　试剂

除葡萄糖、鼠李糖、果糖、岩藻糖、甘露糖和半乳糖等单糖购自美国Sigma公司外,其他试剂均为国产分析纯。6%苯酚(称取苯酚6g,溶解于100ml蒸馏水中,现配现用)。

1.3　标准曲线制作

精确称取干燥至恒重的螺旋藻多糖标准品(SPS-std) 80mg,置于500ml容量瓶中,加蒸馏水溶解,定容至刻度,摇匀,制成浓度为160μg/ml的标准溶液,置于4℃保存。分别吸取SPS-std标准液0.4、0.8、1.2、1.6、2.0ml于带塞试管中,补加蒸馏水,使体积均为2.0ml;另吸取蒸馏水2ml,作为空白对照。加入6%苯酚1.0ml,摇匀。用移液管迅速加入浓硫酸5.5ml,摇匀后,开始计时,在25℃下反应30min。测定波长484nm处吸光值(A_{484nm})。绘制标准曲线,并计算其回归方程。

1.4　螺旋藻多糖含量测定

传统方法一般为:称取0.5g待测螺旋藻干粉于小烧杯中,加入约30倍体积蒸馏水,80℃水浴保温4h,其间不时搅拌。离心后残渣同上操作。合并两次离心上清液,加3倍体积无水乙醇沉淀多糖,4000r/min离心,沉淀加蒸馏水溶解,并定容至250ml。吸取适量的待测螺旋藻多糖稀释液,每个样品做3个重复,同上述标准曲线制作的操作步骤,用Ultrospec2000紫外-可见分光光度计(美国)测定样品的A_{484nm},并根据回归方程计算其多糖含量。测定水不溶性多糖时,将上述2次离心的残渣用丙酮和氯仿等去除,水解后再测定。本研究对上述方法进行了改进,建立了一种微量、快速的测定技术。

2 结果与分析

2.1 螺旋藻多糖测定标准品研制

取螺旋藻多糖稀释液2.0ml于具塞试管中,加入6%苯酚1.0ml,混匀,迅速加入浓硫酸5.5ml,摇匀,在室温下放置30min。取2.0ml蒸馏水同上处理,作为对照。反应生成物用紫外-可见分光光度计在200~800nm扫描,得到其吸收光谱(见图22)。可见,螺旋藻多糖的测定生成物的最大吸收波长为484nm,而常用作多糖测定标准品的葡萄糖的测定生成物的最大吸收波长一般为490nm,两者相差较大。

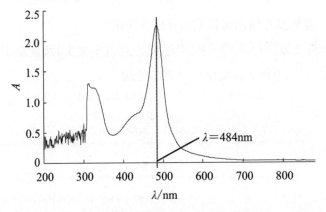

图22 螺旋藻多糖测定生成物的吸收光谱

Michel等[254]研究发现,不同单糖及不同来源的生物多糖与硫酸-苯酚反应体系形成的测定生成物的吸收光谱与最大吸收峰不尽相同。我们根据葡萄糖、鼠李糖、果糖、岩藻糖、甘露糖和半乳糖等单糖,以及螺旋藻多糖的测定生成物的吸收光谱,利用多因子回归分析等数学计算方法,并结合多次实验研究,以葡萄糖、鼠李糖、果糖、岩藻糖、甘露糖和半乳糖等单糖为原料配制一种复合物,其测定生成物的吸收光谱与螺旋藻多糖的吻合,最大吸收波长为484nm(见图23)。因此,以这种单糖复合物替代葡萄糖为标准品,测得螺旋藻多糖含量的结果更为可靠。将这种复合物命为SPS-std。

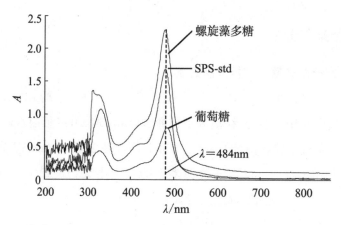

图23 葡萄糖、SPS-std和螺旋藻多糖测定生成物的吸收光谱比较

2.2 螺旋藻多糖测定样品预处理方法改进

针对传统方法存在的一些问题,我们经过多次实验,建立了如图24所示的改进方法,用于螺旋藻测定样品的预处理。

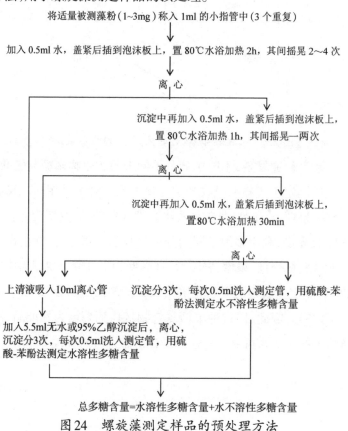

图24 螺旋藻测定样品的预处理方法

表9比较了利用传统测定法与改进测定法测定螺旋藻样品多糖含量的结果。由此可知,两者的测定结果非常吻合,改进测定法的重复性高于传统测定法。因此,用改进测定法所得结果可靠,方法更为快速、简单,样品用量只为传统测定法的1/100。

表9 传统测定法与改进测定法测定螺旋藻样品多糖含量的比较

	序号	水溶性多糖含量/%	水不溶性多糖含量/%	总多糖含量/%
改进测定法	1	2.54	2.17	4.71
	2	2.59	2.15	4.74
	3	2.51	2.18	4.69
	4	2.49	2.15	4.64
	5	2.60	2.27	4.87
	平均值	2.55	2.18	4.73
传统测定法	1	2.48	2.35	4.83
	2	2.53	2.12	4.65
	3	2.76	2.48	5.24
	4	2.44	2.33	4.77
	5	2.38	2.04	4.42
	平均值	2.52	2.26	4.78

2.3 测定条件的优化

2.3.1 浓硫酸比例及加入方式对测定的影响

相同含量的SPS-std标准液中分别加入不同体积的浓硫酸,进行显色反应,所得测定结果如表10所示。

表10 浓硫酸比例对测定结果的影响

$V_{H_2SO_4}$/ml	4.8	5.0	5.2	5.4	5.5	5.6	5.8	6.0
$V/V_{总}$	1:1.625	1:1.600	1:1.577	1:1.556	1:1.545	1:1.536	1:1.517	1:1.500
A_{484nm}	0.968	1.064	1.062	1.059	1.059	1.007	0.961	0.948

从表10中可知,浓硫酸的体积与总体积之比为1:1.625~1:1.500,吸光值相近,在1.060左右;而高于和低于这一范围,吸光值均明显偏小。

同时,我们还比较了移液管和取液器加浓硫酸对测定结果的影响。在其他条件相同,仅加5.5ml浓硫酸时,分别用10ml移液管和10ml取液器,得到的标准曲线见图25。由图可见,使用移液管加浓硫酸,测定的标准曲线线性较好;而使用取液器加浓硫酸,测得的吸光值偏差较大,标准曲线线性不好,由此计算出的多糖含量结果可能误差较大。

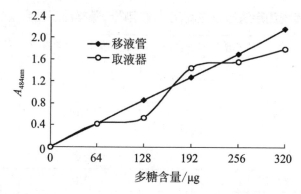

图25 浓硫酸取样方式对SPS-std标准曲线的影响

上述结果表明,硫酸-苯酚法测定多糖含量对硫酸定量要求比较严格,一般取硫酸的体积与总体积之比为5.5:8.5,同时浓硫酸需用10ml移液管来进行定量。

2.3.2 反应温度确定

准确吸取SPS-std标准液(160μg/ml)0.4、0.8、1.2、1.6、2.0ml,加水至2.0ml,再加1.0ml 6%苯酚和5.5ml浓硫酸,摇匀后分别于25、50、75和100℃反应30min,测定484nm处的吸光值(见表11),并作相应的标准曲线(见图26)。

表11 反应温度对测定结果的影响

温度/℃	SPS-std含量/μg					标准曲线回归方程	r
	64	128	192	256	320		
15	0.408	0.820	1.305	1.621	2.041	$y=0.0064x+0.0090$	0.9980
25	0.411	0.879	1.332	1.791	2.191	$y=0.0069x-0.0099$	0.9998
50	0.401	0.811	1.296	1.690	2.050	$y=0.0065x-0.0017$	0.9995
75	0.396	0.807	1.224	1.631	2.039	$y=0.0064x-0.0064$	0.9970
100	0.363	0.702	1.053	1.452	1.782	$y=0.0056x-0.0029$	0.9950

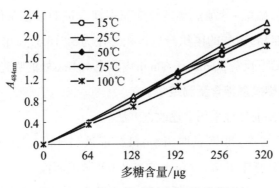

图26　反应温度对测定结果的影响

由图26可知,多糖含量相同时,在不同的温度下反应,在100℃下反应测定的最大吸光值与在其他几个温度下得到的差异较大,而在25℃下反应可以达到最大吸光值,该温度下反应所得标准曲线斜率最大。这说明在该温度下反应灵敏度较高,所以测定多糖含量时以环境温度25℃为最佳。

2.3.3　反应与测定时间确定

准确吸取SPS-std标准液(160μg/ml)0.4、0.8、1.2、1.6、2.0ml,于25℃分别进行不同时间的显色反应后,测定484nm处的吸光值,结果如表12所示。

表12　反应时间对测定结果的影响

时间/min	SPS-std含量/μg					标准曲线回归方程	r
	64	128	192	256	320		
20	0.405	0.789	1.203	1.714	2.013	$y=0.0064x-0.0083$	0.9986
30	0.416	0.867	1.307	1.778	2.184	$y=0.0069x-0.0113$	0.9999
60	0.414	0.862	1.316	1.770	2.179	$y=0.0069x-0.0110$	0.9999
90	0.411	0.866	1.318	1.768	2.184	$y=0.0069x-0.0119$	0.9999
120	0.407	0.845	1.286	1.744	2.140	$y=0.0068x-0.0120$	0.9998
150	0.398	0.825	1.201	1.698	1.998	$y=0.0064x+0.0010$	0.9988

从表12可以看出,保温30min后,显色反应基本完全,且在此后60min内各点的A_{484nm}值保持稳定,标准曲线的回归方程基本一致,相关系数也很高。这说明在此时间段内,硫酸-苯酚法测定螺旋藻多糖含量的稳定性好。所以硫酸-苯酚法测螺旋藻多糖含量时,反应30min即可测定,并应在60min内测定完毕。

综上所述,硫酸-苯酚法测定螺旋藻多糖含量的最佳条件参数为:选取 SPS-std 为标准品,硫酸的体积与总体积之比为5.5∶8.5,并用10ml移液管加浓硫酸,在25℃下反应30min,于60min内测定484nm处的吸光值。

2.3.4 螺旋藻多糖含量测定

螺旋藻样品前处理采用上述改进方法。

标准曲线制作:准确吸取 SPS-std 标准液(160μg/ml)0.4、0.8、1.2、1.6、2.0ml,加蒸馏水使体积均为2.0ml,再加入6%苯酚溶液1.0ml,混匀后用10ml移液管迅速加入浓硫酸5.5ml,摇匀后,25℃反应30min,测定波长484nm处的吸光值,得到如图27的标准曲线。可以看出,在0～320μg范围内,SPS-std 含量与吸光值呈良好的线性关系,符合 Beer 定律,$r=0.9994$,标准曲线回归方程:$y=0.0068x+0.025$。

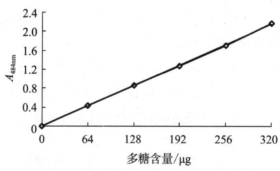

图27 SPS-std 多糖含量标准曲线

吸取2ml的待测螺旋藻多糖样品,同上述标准曲线制作的操作步骤,测定样品的 A_{484nm},并根据回归方程计算其多糖含量(见表13)。

表13 螺旋藻样品多糖含量的测定结果

序号	样品干重/g	多糖含量/%
1	0.5022	3.64
2	0.4998	3.55
3	0.4990	3.52
4	0.5014	3.61
5	0.5005	3.59
平均值	0.5006	3.58

由表13可知,用优化的螺旋藻多糖测定方法测得的数据重复性好,灵敏度高。平均多糖含量为3.58%,相对标准偏差$RSD=1.33\%(n=5)$。

3 讨论

硫酸-苯酚法是根据多糖被浓硫酸水合产生的高温迅速水解成单糖,单糖脱水生成糠醛及其衍生物,然后与苯酚缩合成有色化合物的原理设计的。对于匀多糖,可直接以其组成的单糖作标准品。但对于由不同糖残基构成的杂多糖,情况则较为复杂,因为不同单糖的显色反应物的特征峰不一样,其最大吸光值所对应的波长也不一致,所以应采用与杂多糖组成相同的混合单糖的标准品作标准品[254]。目前,使用硫酸-苯酚法测定螺旋藻样品中多糖含量,一般均以葡萄糖作标准品,并以490nm作为测定波长。但我们的研究发现,葡萄糖显色反应的最大吸光值所对应的吸收波长与螺旋藻多糖的有出入。许多对螺旋藻多糖的组分分析研究也表明,它的组成除葡萄糖外还有鼠李糖和果糖等其他单糖。我们以自制的单糖复合物SPS-std为标准品,其特征峰与螺旋藻多糖在该反应体系中的特征峰相吻合,最大吸收波长均在484nm处,因而比用葡萄糖为标准品所得结果更为准确。

由硫酸-苯酚法的原理可知,它是以多糖的水解和糠醛反应为基础的,硫酸浓度降低,会影响两种反应的进行。因而在测定多糖含量时,保持较高的硫酸浓度非常重要。样品液、苯酚的加入量都会影响硫酸的浓度,所以必须控制一个合适的比例。有文献报道加入浓硫酸的体积与总体积比为2:2.8时最佳[255]。而本实验结果表明,加入浓硫酸的体积与总体积比在5.0:8.0~5.5:8.5时较好,为保证浓硫酸在反应体系中的浓度,一般取5.5:8.5。同时用10ml移液管来加浓硫酸,因为用取液器吸取浓硫酸测得的吸光值偏差较大,可能是由于浓硫酸的密度大(1.84g/cm^3),而取液器的刻度是以水(密度为1.0g/cm^3)来定标。吸取浓硫酸时如果速度比较缓慢,实际吸入的量与理论值相对接近;如果太快,实际吸入的量可能少于理论值,从而影响测定结果。

对于反应时间的确定,各种报道不是很一致,而本实验通过不同反应温度下标准曲线的制作,表明多糖反应30min即可测定,并应在60min内测定完毕。反应时间太短,可能反应不充分;时间太长,多糖反应体系的最大吸收峰可能发生红移,从而导致所测得的吸光值均偏小。

许多报道结果表明,葡萄糖含量在较小的范围内(如 12～120μg),符合 Beer 定律,含糖量与吸光值呈线性相关,对含糖量较高的样品的测定比较困难[255]。应用本研究所确定的硫酸-苯酚法的测定条件进行了螺旋藻样品多糖含量的测定,结果表明,SPS-std 含量为 0～320μg,多糖含量和吸光值符合 Beer 定律,线性相关性较好。同时,测定的数据稳定,重复性好,灵敏度高,并且不需特殊设备和试剂,适用于螺旋藻多糖的测定。

第11章　螺旋藻的电离辐射抗性及与多糖含量的关系

随着原子能在工业、农业、医学、军事与科研等行业和平利用的快速发展，以及宇宙空间和地矿等资源的不断开发，人类和其他生物所遭受的电离辐射也日益增多，电离辐射对生物体的损伤已多见报道。电离辐射已成为危及人类生存和破坏全球生态环境的新的污染源。正因如此，近年来辐射生物学、生物耐辐射机理及抗辐射材料的开发利用等研究已引起国内外的极大关注[256,257]。螺旋藻(*Spirulina*)是一种古老的原核丝状放氧蓝藻，也是当前全球开发规模最大的经济微藻[78]。螺旋藻已被证实具有超强的抗电离辐射能力，某些藻株对 ^{60}Co-γ射线的致死剂量大于 6.4kGy[25]，同时螺旋藻多糖能显著提高蚕豆和小鼠等抵抗电离辐射的生理活性，并已被开发成抗辐射医药保健品[256,258,259]。然而，目前对螺旋藻的超强抗辐射机理尚不清楚，更未见有关螺旋藻多糖是否具有维持藻体本身超强辐射抗性的报道。本章着重探讨了螺旋藻的辐射抗性与多糖含量的关系，为进一步阐明螺旋藻等生物的抗辐射机理、开发高性能的天然抗辐射新材料、选育高产多糖新品系等提供依据。

1　材料与方法

1.1　供试材料

盐泽螺旋藻(*Spirulina sabsalsa* var)Ss-V由浙江大学钱凯先教授提供；钝顶螺旋藻(*Spirulina platensis*)Sp-F引自云南；钝顶螺旋藻(*Spirulina platensis*)Sp-Z和Sp-D分别由中国科学院植物研究所顾天青先生和中国农业大学毛炎麟先生赠送。目前，这4株螺旋藻均保存于浙江大学原子核农业科学研究所藻种室。

1.2 单细胞和去鞘藻丝体的制备

分别取在Zarrouk's培养液[231]中培养并处于对数生长期的螺旋藻藻丝体，用T8 Antrieb型高速组织匀浆机(德国)和Soniprep 150型超声波发生器(英国)处理，并结合离心沉降法制备单细胞。去鞘藻丝体的制备参照Lanfaloni等[66]的方法进行，调节完整藻丝体藻液的NaCl浓度至1.2mol/L，在TQE恒温摇床(美国)上于25℃、200r/min处理约30min，进行显微观察，并L8-55M超速离心机(美国)离心收集。

1.3 辐照处理及培养条件

用^{60}Co-γ射线分别辐照螺旋藻完整藻丝体、单细胞和去鞘藻丝体，剂量率均为15Gy/min，剂量为0、0.3、0.6、1.2、2.4、4.8和6.4kGy。辐照过的藻液用培养液稀释15倍后，置于GALLENKAMP恒温光照培养箱(日本)中培养，光照强度为54μmol photons/($m^2 \cdot s$)，光照时间为12h/d，光照时为28℃，黑暗时为20℃。图片用OLYMPUS CH30光学显微照相机(日本)拍摄。

1.4 生长速率测定

用Ultrospec2000紫外-可见分光光度计(美国)测定螺旋藻的生长速率(波长560nm的光密度值为指标，光程1cm)。以未辐照时的生长速率为基准，计算各材料在不同剂量下的生长速率。

1.5 多糖含量测定

参照本书第10章所建的方法进行。

2 结果与讨论

2.1 四种螺旋藻的形态学特征

由图28所示，与钝顶螺旋藻Sp-F、Sp-Z和Sp-D相比，盐泽螺旋藻Ss-V的藻丝体较细长且相互缠绕。Ss-V在低倍显微镜下似乎为直线形丝状体，但在高倍显微镜下即可观察到其藻丝体实为致密的螺旋形，且外周含一层近乎透明的包被，主要是胞外多糖。Sp-F和Sp-Z为螺旋形，Sp-D为波浪形，它们的螺旋度从大到小，螺距依次为(38.9±4.3)μm、(53.7±1.9)μm和(88.9±19.4)μm。螺旋度是螺旋藻最重要的形态参数之一，目前主要依藻丝体的形态学特征对螺旋藻进行分类与鉴定[12,36,37]。

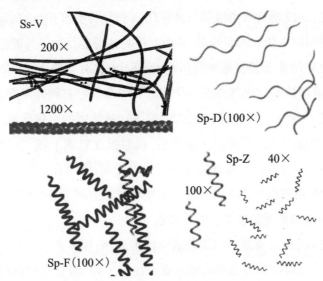

图28　四种螺旋藻的显微形态学特征

2.2　螺旋藻完整藻丝体的辐射生物学效应

4株螺旋藻完整藻丝体对 ^{60}Co-γ射线的辐射剂量效应曲线如图29所示。低剂量γ射线对这4株螺旋藻均具刺激生长效应,0.6kGy的γ射线对Ss-V、Sp-F、Sp-Z和Sp-D的刺激生长速率依次为17.3%、13.2%、11.1%和7.2%。随着剂量的增大,生长速率呈指数下降,它们的半致死剂量依次为4.2、3.3、2.9和2.8kGy,致死剂量依次为>6.4、6.4、6.4和6.4kGy。这表明这4株螺旋藻虽然均具很强的抗γ射线辐射的能力,但它们的辐射抗性又有明显不同,从大到小依次为Ss-V、Sp-F、Sp-Z和Sp-D。

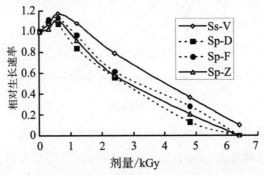

图29　螺旋藻完整藻丝体的辐射剂量效应曲线

国内外已有众多研究发现螺旋藻等蓝藻对γ射线和紫外线等电离辐射具很强的抗性,还发现只有当辐射与某些DNA修复抑制剂相互配合处理时,才有更显著的抑制生长和诱变效果,并由此推测这可能是由于其细胞内存有一套较完整的DNA损伤修复系统[256]。但至今尚未见有支持该假设的直接实验证据,有关蓝藻抗辐射机理方面的研究进展缓慢。已有研究发现,不同品系和形态的螺旋藻对γ射线的抗辐射能力不同,藻丝体的螺旋度越大,抗辐射能力越强,并且当弯曲形藻丝体变直后,辐射抗性急骤下降[25]。上述4株螺旋藻的辐射抗性也随藻丝体螺旋度的增大而增强,因而有必要进一步研究探明螺旋藻的辐射抗性是否受藻丝体螺旋度等外部空间形态的影响。

2.3 螺旋藻细胞的辐射生物学效应

将上述4株螺旋藻藻丝体制备成单细胞,以破坏由各细胞串联排列形成的螺旋形空间结构,消除各螺旋藻间螺旋度的差异,研究它们在细胞水平上的抗辐射特性。如图30所示,低剂量γ射线对螺旋藻细胞的生长具明显的刺激作用,0.3kGy时对Ss-V、Sp-F、Sp-Z和Sp-D细胞的刺激生长速率依次为10.2%、9.6%、7.1%和5.4%。随着剂量增大,4株螺旋藻细胞的生长速率呈指数下降,它们的半致死剂量依次为2.4、1.4、1.1和1.0kGy,致死剂量依次为5.3、4.8、4.8和4.8kGy。

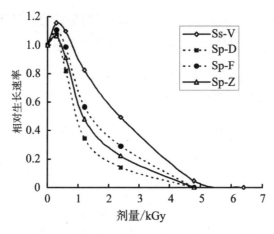

图30 螺旋藻细胞的辐射剂量效应曲线

可见,这4株螺旋藻在细胞水平的抗辐射能力仍存有明显差异,且依次为Ss−V＞Sp−F＞Sp−Z＞Sp−D,排序与藻丝体水平时的一致。这提示螺旋藻的抗辐射能力主要与螺旋藻细胞的生理生化和分子遗传等特性有关,而藻丝体的螺旋度等外部空间形态对其影响不大。同时,用机械法将Ss−V、Sp−F、Sp−Z和Sp−D藻丝体制备成单细胞后,虽然仍具较强的抗γ射线辐射的能力,但辐射抗性明显降低,半致死剂量依次只有完整藻丝体水平时的57.1%、42.4%、37.9%和35.7%。这一方面可能是由于藻丝体变成单细胞后,细胞相互间失去联系;另一方面可能是由于超声波等机械作用破坏螺旋藻外鞘套和细胞壁,甚至细胞内辐射损伤修复系统等生物学效应。研究表明,螺旋藻外鞘套和细胞壁的主要成分——多糖类物质,具有很强的抗辐射生理活性。但这一结果只是从螺旋藻的多糖提取物能显著提高蚕豆和小鼠等生物机体的抗辐射能力所得到的,而尚不清楚螺旋藻多糖是否能提高藻体本身的抗辐射能力[256,258]。

2.4 螺旋藻去鞘藻丝体的辐射抗性

用1.5mol/L的NaCl溶液分别洗去上述4株螺旋藻藻丝体表面由多糖组成的外鞘套,制成不损及细胞内部且保持细胞间联系的去鞘藻丝体,以研究螺旋藻多糖对藻体本身是否具有辐射保护作用。由图31所示,4株螺旋藻去鞘藻丝体的辐射剂量效应曲线与完整藻丝体和细胞的基本相似,低剂量γ射线对它们的生长具有刺激效应,随着剂量增大,生长速率呈指数下降。Ss−V、Sp−F、Sp−Z和Sp−D去鞘藻丝体的抗γ射线辐射的能力分别介乎相应的完整藻丝体和细胞之间,半致死剂量依次为2.9、1.8、1.4和1.2kGy,致死剂量依次为6.4、4.8、4.8和4.8kGy。

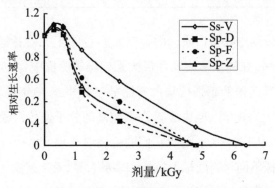

图31　螺旋藻藻丝去鞘后的辐射剂量效应曲线

虽然去鞘藻丝体与完整藻丝体的主要差别仅在于藻体的外鞘套被部分洗去,多糖含量降低,却使Ss-V、Sp-F、Sp-Z和Sp-D去鞘藻丝体的半致死剂量依次比相应完整藻丝体时的下降31.0%、54.8%、51.7%和57.1%,抗辐射能力显著降低。这充分表明螺旋藻多糖不但能显著提高蚕豆和小鼠等其他生物的抗辐射能力[256, 258],而且具有维持藻体本身超强辐射抗性的重要作用。

2.5 螺旋藻的多糖含量与抗辐射能力的关系

为进一步分析螺旋藻的多糖含量与其抗辐射能力的定量相关性,分别测定了Ss-V、Sp-F、Sp-Z和Sp-D的完整藻丝体、细胞及去鞘藻丝体这3种材料的多糖含量。由表14可知,对于不同藻株,无论是完整藻丝体、细胞,还是去鞘藻丝体,多糖含量和辐射抗性均为:Ss-V>Sp-F>Sp-Z>Sp-D;在同一藻株中,多糖含量和辐射抗性均为:完整藻丝体>去鞘藻丝体>细胞。由此表明螺旋藻的多糖含量与其辐射抗性呈显著的正相关,即多糖含量越高,抗辐射能力越强。这就从多糖含量的角度比较合理地解释了上述不同藻株之间,以及同一藻株不同材料之间辐射抗性的差异。

表14　4种螺旋藻的多糖含量与抗辐射能力比较

材料＼项目	Ss-V		Sp-F		Sp-Z		Sp-D	
	多糖含量/%	LD_{50}/kGy	多糖含量/%	LD_{50}/kGy	多糖含量/%	LD_{50}/kGy	多糖含量/%	LD_{50}/kGy
完整藻丝体	21.38	4.2	8.66	3.3	7.94	2.9	7.37	2.8
细胞	15.79	2.4	7.44	1.4	6.48	1.1	6.38	1.0
去鞘藻丝体	17.71	2.9	7.74	1.8	6.87	1.4	6.55	1.2

注:LD_{50}表示半致死剂量

多糖是螺旋藻中除蛋白质外的第二大类主要组分,在盐泽螺旋藻中含量高达18%～23%,在钝顶螺旋藻和极大螺旋藻等藻株中含6%～9%[259]。虽然有关螺旋藻等蓝藻的超强抗辐射特性早在20世纪70年代即被发现,并引起了人们的极大兴趣[260],但由于对许多蓝藻的分子遗传背景至今仍知之甚少,因而尚难以从DNA水平阐明它们的抗辐射机理。本研究通过比较不同藻株及同一藻株不同材料间辐射抗性和多糖含量,首次发现螺旋藻多糖具有维持藻体本身超强抗辐射能力的重要作用,从而为进一步探明螺旋藻等生物的抗辐射机制提供了新的思路和重要信息,也为螺旋藻诱变育种及螺旋藻多糖的开发利用提供了理论依据。目前一般认为,螺旋藻多糖主要是通过激活细胞内的辐射损伤修复系统和免疫系统来提高蚕豆和小鼠等其他生物的抗辐射能力[219,256,258,259],而至于其如何提高并维持藻体本身的超强抗辐射能力,尚有待于进一步研究。

第12章 不同基因型螺旋藻品系多糖生物合成特性的比较

螺旋藻多糖由于具有广泛而复杂的生物学活性而成为研究热点之一。目前有关螺旋藻多糖的研究,大多侧重于其分离纯化、结构与生物学活性功能方面,而在合成方面较少涉及。生产上所用的钝顶螺旋藻或极大螺旋藻的多糖含量普遍较低,且品种(系)间的差异较大,严重制约着螺旋藻多糖的深入研究与产业化开发。

研究表明,螺旋藻藻种本身特性决定了藻细胞的生长速率和代谢机制,因而不同基因型螺旋藻的生长速率和多糖含量存在较大差异。同时,藻细胞生长、生化组成及含量也受环境因子的影响,诸如培养温度、光照强度、培养基成分、pH及盐度等。因此,我们采集了40个螺旋藻品系,分别测定它们的多糖含量,筛选出多糖含量相对较高的品系作为进一步研究的材料。结合其他蓝藻多糖合成的研究结果,主要研究培养基中的Mg^{2+}、K^+、SO_4^{2-}、NO_3^-等理化因子及不同的C/N、N/P、C/P对螺旋藻细胞生长及多糖合成的影响,探索其对螺旋藻生物量及多糖产量的影响规律,为加速螺旋藻多糖的产业化开发提供理论依据。

1 材料与方法

1.1 供试材料

钝顶螺旋藻(*Spirulina platensis*)品系 Sp-E、Sp-D、Sp-J、Sp-B、Sp-S、Sp-01~35现均保存于浙江大学原子核农业科学研究所藻种室。

1.2 培养液配制

以Zarrouk's培养液配方[231]为基础配制。设Mg^{2+}浓度为5、10、15、20和

25mg/L；K$^+$浓度为448、560、672、784和896mg/L；NO$_3^-$浓度为438、876、1314、1824和2190mg/L；SO$_4^{2-}$浓度为582、682、782、882和982mg/L；C/N为2、3、6、9和12；N/P为1.5、3、5和7；C/P为9、18、27、36和45。

1.3 培养条件与采收方法

吸取处于对数生长期的螺旋藻于盛有250ml培养液的500ml三角瓶中培养，使其初始OD$_{560nm}$为0.08。光照强度为54μmol photons/(m^2·s)，光照时间为12h/d，温度为30℃，每天摇匀三四次。待藻液OD$_{560nm}$达0.8左右时，用300目的尼龙筛绢过滤采收藻体，并测定滤液的pH。藻泥用蒸馏水洗3次，吸水后置烘箱中，于50℃干燥至恒重。在原来的培养液中重新接入藻体，使OD$_{560nm}$为0.08，继续培养，直至螺旋藻不能再生长为止。

1.4 生物量测定

培养过程中用Ultrospec2000紫外–可见分光光度计（美国）测定藻液的OD$_{560nm}$，反映螺旋藻的生长速率；培养结束时以干藻重计生物量。

1.5 多糖含量测定

按照本书第10章所建的微量快速测定法进行。

2 结果与分析

2.1 不同螺旋藻品系的多糖含量比较

不同螺旋藻品系的多糖含量差异比较大，我们收集了不同品系螺旋藻的藻粉，并测定其多糖含量，所得结果如表15所示。螺旋藻多糖一般由水溶性多糖与水不溶性多糖组成，而水不溶性多糖大多为细胞壁等结构性成分，其含量相对稳定，而水溶性多糖含量的变化较大，并且目前研究发现的具有高生物活性与开发利用价值的基本上为水溶性多糖，因而我们先对水溶性多糖进行研究与考察。

从表15中可以看出40株螺旋藻品系的水溶性多糖含量为2%～6%，平均为3.21%。其中，Sp-20、Sp-30、Sp-D、Sp-J、Sp-B、Sp-S和Sp-E等藻株的水溶性多糖含量相对较高。

表15　不同螺旋藻品系的水溶性多糖含量

品系	含量/%	品系	含量/%	品系	含量/%	品系	含量/%
Sp-01	3.27	Sp-11	2.26	Sp-21	3.19	Sp-31	2.70
Sp-02	2.55	Sp-12	2.15	Sp-22	2.07	Sp-32	3.46
Sp-03	2.79	Sp-13	2.43	Sp-23	3.27	Sp-33	3.50
Sp-04	3.47	Sp-14	3.36	Sp-24	3.41	Sp-34	3.59
Sp-05	2.76	Sp-15	2.95	Sp-25	2.98	Sp-35	3.29
Sp-06	3.38	Sp-16	2.45	Sp-26	2.20	Sp-D	4.53
Sp-07	2.38	Sp-17	2.55	Sp-27	2.85	Sp-J	3.69
Sp-08	3.14	Sp-18	2.62	Sp-28	3.43	Sp-S	4.77
Sp-09	2.37	Sp-19	2.55	Sp-29	3.12	Sp-E	5.65
Sp-10	3.05	Sp-20	4.30	Sp-30	4.68	Sp-B	5.34

进一步提取Sp-D、Sp-E、Sp-J、Sp-S、Sp-B螺旋藻的总DNA,其电泳图谱如图32所示。Sp-E、Sp-S和Sp-B这3株螺旋藻与Sp-D和Sp-J不同,除基因组DNA外还含有一段约1100bp的DNA小片段,从而表明它们的遗传背景不同。我们在长期研究中发现,Sp-D和Sp-J这2株无基因组外DNA的藻丝体,与Sp-E、Sp-S和Sp-B这3株有基因组外DNA的藻丝体相比,不但形态较易发生变异,一般不宜应用于生产,而且当接入新的培养液后,在生长初期色泽

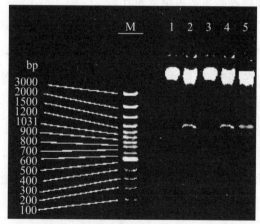

M:DNA标准样品;1:Sp-D;2:Sp-E;3:Sp-J;4:Sp-S;5:Sp-B

图32　螺旋藻总DNA的电泳图谱

偏黄绿,且恢复对数生长期所需的时间更长。这表明螺旋藻形态和色泽等表型的变化也许与基因组外DNA有关。我们以Sp-E和Sp-D为材料,比较不同基因型螺旋藻的多糖合成特性。

2.2 营养因子对Sp-E和Sp-D生长速率和多糖含量的影响

结合营养盐对藻类生长和多糖合成的国内外研究结果,我们设置了不同浓度的Mg^{2+}、K^+、SO_4^{2-}、NO_3^-和不同C/N、N/P、C/P,研究不同培养液对Sp-E、Sp-D生长速率及多糖产量的影响。以不同培养液培养螺旋藻Sp-E和Sp-D,当OD_{560nm}达到0.8时,收集藻体,再在原来培养液中重新接入藻体,使其初始OD_{560nm}为0.08,继续培养,直至不能再生长为止,相继培养了5批。在培养过程中,不定时摇匀,并及时给培养液补加水。最后,将收集的藻体烘干,测定其生物量和多糖含量。

2.2.1 营养因子对Sp-E和Sp-D生长速率的影响

将分批收集的藻体在50℃下烘干称重,计算其生长速率,统计结果见表16和表17。

在培养过程中观察藻体的生长状况,发现Sp-D全部浮于液面,而Sp-E大部分处于悬浮状态,但未沉于底部。培养相同时间后,随机抽取按同一方式处理的Sp-E和Sp-D,测定OD_{560nm}。结果表明,Sp-E的光密度比Sp-D的大,生长状况好。许多培养液中,起初Sp-D生长较差,培养液有些发黄和变白的现象,培养3~4d后,情况开始好转,这可能是Sp-D对环境的适应性比Sp-E差所致。在相继培养的五批中,Mg^{2+}、K^+、SO_4^{2-}不同浓度处理下的Sp-E和Sp-D一直保持良好的生长状态;而其他处理的培养液培养几批后,藻体开始发黄,并伴有结块现象。如N/P为1.5的培养液,Sp-E和Sp-D培养到第三批和第四批时,藻体变白,并不再生长。这说明N/P不能太小,否则会抑制螺旋藻的生长。C/N为2的培养液,Sp-E只培养了两批就不再生长,这说明C/N也不宜太小。相比较而言,C、N、P对螺旋藻的生长影响比较大,并需要保持在一定的比例范围内。收集藻体时,发现Sp-E比Sp-D更利于采收,这可能跟Sp-E的藻丝体比Sp-D的长有关。

表16 不同处理下Sp-E的生长速率

单位:g/(m³·d)

处理	第一批	第二批	第三批	第四批	第五批
Ⅰ-1	34.56	36.72	32.52	38.36	27.32
Ⅰ-2	37.20	39.08	40.80	33.60	31.12
Ⅰ-3	38.48	40.80	38.44	36.84	30.16
Ⅰ-4	40.88	37.24	43.76	31.96	28.00
Ⅰ-5	39.76	42.40	42.56	40.04	26.56
Ⅱ-1	41.00	37.48	34.80	36.12	33.24
Ⅱ-2	46.68	43.12	44.16	38.52	32.24
Ⅱ-3	42.56	51.24	45.76	39.44	36.36
Ⅱ-4	42.24	38.68	43.44	34.04	30.08
Ⅱ-5	49.16	46.40	45.76	37.80	29.32
Ⅲ-1	46.32	38.28	36.40	40.64	35.36
Ⅲ-2	45.12	39.24	40.96	35.16	28.92
Ⅲ-3	42.88	45.24	35.44	38.36	26.60
Ⅲ-4	42.36	41.20	37.04	44.08	36.60
Ⅲ-5	25.76	39.04	37.64	36.08	32.24
Ⅳ-1	37.48	42.52	40.04	31.36	–
Ⅳ-2	39.16	37.48	45.64	37.52	37.88
Ⅳ-3	38.56	36.96	47.64	36.92	32.08
Ⅳ-4	39.56	38.56	42.76	–	–
Ⅳ-5	37.04	36.76	32.64	37.68	26.72
Ⅴ-1	41.32	34.52	–	–	–
Ⅴ-2	45.88	46.08	36.72	–	–
Ⅴ-3	42.44	39.48	43.92	41.60	36.84
Ⅴ-4	40.72	34.08	46.96	35.92	31.44
Ⅴ-5	38.72	37.52	38.36	35.08	35.00
Ⅵ-1	39.28	37.12	–	–	–
Ⅵ-2	42.88	39.76	44.36	41.04	42.36
Ⅵ-3	41.56	38.52	40.16	37.72	34.92

（续表）

处理	第一批	第二批	第三批	第四批	第五批
Ⅵ-4	41.76	40.28	39.92	27.76	–
Ⅶ-1	46.16	46.44	35.20	–	–
Ⅶ-2	43.04	40.12	37.96	36.32	–
Ⅶ-3	44.00	45.08	37.64	35.04	32.48
Ⅶ-4	39.24	43.52	42.16	34.48	36.76
Ⅶ-5	39.88	36.96	41.76	38.00	31.20

注：Ⅰ-1～Ⅰ-5表示Mg^{2+}浓度依次为5、10、15、20和25mg/L；Ⅱ-1～Ⅱ-5依次表示K^+浓度为448、560、672、784和896mg/L；Ⅲ-1～Ⅲ-5表示SO_4^{2-}浓度依次为582、682、782、882和982mg/L；Ⅳ-1～Ⅳ-5表示NO_3^-浓度依次为438、876、1314、1824和2190mg/L；Ⅴ-1～Ⅴ-5表示C/N依次为2、3、6、9和12；Ⅵ-1～Ⅵ-4表示N/P依次为1.5、3、5和7；Ⅶ-1～Ⅶ-5表示C/P依次为9、18、27、36和45；"–"表示藻体接近死亡或已经死亡

表17　不同处理下Sp-D的生长速率

单位：g/（m³·d）

处理	第一批	第二批	第三批	第四批	第五批
Ⅰ-1	36.40	32.88	36.16	34.56	31.56
Ⅰ-2	36.72	32.40	41.68	35.04	43.36
Ⅰ-3	34.68	48.32	43.48	32.16	27.96
Ⅰ-4	31.60	50.68	36.32	29.04	26.32
Ⅰ-5	34.12	44.68	40.28	34.68	39.60
Ⅱ-1	37.24	41.24	43.36	38.40	33.32
Ⅱ-2	35.56	37.20	39.04	35.60	35.52
Ⅱ-3	38.56	46.72	40.16	39.84	24.72
Ⅱ-4	34.72	33.60	36.92	32.36	31.60
Ⅱ-5	33.28	37.20	38.04	40.48	24.64
Ⅲ-1	35.72	27.84	44.24	34.04	28.56
Ⅲ-2	32.52	36.56	42.68	38.64	37.6
Ⅲ-3	49.20	34.64	40.08	34.92	29.00
Ⅲ-4	41.36	32.72	35.72	37.12	32.36
Ⅲ-5	49.76	40.24	32.80	34.52	28.64

处理	第一批	第二批	第三批	第四批	第五批
Ⅳ–1	28.00	33.24	40.52	34.92	–
Ⅳ–2	38.96	48.92	48.60	42.32	37.12
Ⅳ–3	32.08	36.00	31.44	33.76	31.04
Ⅳ–4	48.12	35.68	31.72	28.24	–
Ⅳ–5	40.76	36.28	36.40	–	–
Ⅴ–1	36.84	33.80	34.12	38.72	35.28
Ⅴ–2	41.96	46.32	34.20	30.28	–
Ⅴ–3	37.52	29.04	34.32	38.44	31.04
Ⅴ–4	34.40	31.48	41.24	32.28	30.28
Ⅴ–5	35.44	30.48	32.08	32.48	23.68
Ⅵ–1	56.32	37.88	32.72	–	–
Ⅵ–2	32.64	47.56	44.08	47.12	32.68
Ⅵ–3	39.76	32.40	29.40	15.04	–
Ⅵ–4	39.52	41.24	28.88	–	–
Ⅶ–1	36.64	55.04	32.92	30.36	27.20
Ⅶ–2	45.44	39.72	49.72	33.32	–
Ⅶ–3	36.32	36.32	38.96	35.16	–
Ⅶ–4	33.84	33.76	41.52	27.60	30.96
Ⅶ–5	33.16	29.68	43.28	31.88	–

注：Ⅰ–1～Ⅰ–5表示Mg^{2+}浓度依次为5、10、15、20和25mg/L；Ⅱ–1～Ⅱ–5表示K^+浓度依次为448、560、672、784和896mg/L；Ⅲ–1～Ⅲ–5表示SO_4^{2-}浓度依次为582、682、782、882和982mg/L；Ⅳ–1～Ⅳ–5表示NO_3^-浓度依次为438、876、1314、1824和2190mg/L；Ⅴ–1～Ⅴ–5表示C/N依次为2、3、6、9和12；Ⅵ–1～Ⅵ–4表示N/P依次为1.5、3、5和7；Ⅶ–1～Ⅶ–5表示C/P依次为9、18、27、36和45；"–"表示藻体接近死亡或已经死亡

根据表16和表17所示的试验结果，对Sp-E和Sp-D的生长速率进行分组，设组距$d=2g/(m^3 \cdot d)$，统计第i组内出现的次数n_i及其总和N，并以生长速率为横坐标、n_i/N为纵坐标作图，得到Sp-E和Sp-D的生长速率分布曲线（见图33）。

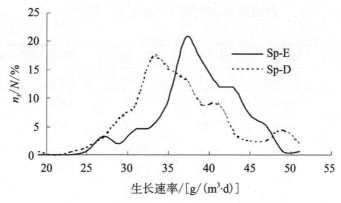

图33 Sp-E和Sp-D生长速率的分布图

从理论上讲,当营养因子为随机组合事件且样本数足够大时,上述数据的处理与分析结果具有统计学意义,即当"环境型"为随机事件时,可考察"表型=基因型+环境型"这一法则中,"基因型"对"表型"的贡献率。因此,图33所示的生长速率分布曲线,可在一定程度上反映Sp-E和Sp-D各自的分子遗传特性对其生长速率的影响。

由图33知,Sp-E生长速率分布曲线的形状与Sp-D的相似,但在同一n_i/N下,Sp-E的生长速率普遍高于Sp-D的,并且Sp-E的n_i/N最高值为20.65%,对应的生长速率为36～38g/(m³·d),而Sp-D的n_i/N最高值为17.20%,对应的生长速率为32～34g/(m³·d)。同时,按统计学中66.6%的概率考察,Sp-E的生长速率多分布于32～42g/(m³·d)范围内,而Sp-D的生长速率则多分布于28～38g/(m³·d)范围内。因此,从"基因型"对生长速率这一"表型"的贡献率而言,Sp-E大于Sp-D。

2.2.2 营养因子对Sp-E和Sp-D产糖率的影响

按照改良的螺旋藻多糖含量测定方法测定不同培养液中螺旋藻Sp-E和Sp-D多糖含量,并结合生长速率,算出产糖率。

$$产糖率[g/(m^3·d)]=生长速率[g/(m^3·d)]×多糖含量(\%)$$

结果见表18和表19。

表18 不同处理下Sp-E的产糖率

单位:g/(m³·d)

处理	第一批	第二批	第三批	第四批	第五批
I-1	1.656	1.416	0.760	1.724	0.752
I-2	1.988	1.004	1.232	0.752	1.084
I-3	2.104	1.260	1.112	1.956	0.784
I-4	2.480	1.288	2.724	0.944	0.696
I-5	2.040	1.936	1.452	1.364	0.672
II-1	2.812	1.408	0.932	0.988	1.280
II-2	2.464	2.520	2.668	1.340	0.904
II-3	2.396	2.264	1.592	1.360	1.204
II-4	3.016	0.532	1.796	1.504	0.844
II-5	2.704	1.632	2.828	1.616	0.708
III-1	2.840	1.304	1.328	1.116	1.144
III-2	2.288	1.220	1.208	1.808	0.672
III-3	2.840	2.188	1.460	1.940	1.584
III-4	1.860	1.556	1.648	1.440	1.160
III-5	1.404	1.220	1.216	1.856	1.308
IV-1	1.952	2.176	1.660	4.504	–
IV-2	2.792	1.416	2.364	1.776	1.064
IV-3	1.796	1.324	2.696	2.044	0.980
IV-4	1.704	1.408	1.840	2.280	–
IV-5	1.784	2.124	1.624	2.128	1.132
V-1	2.604	1.752	–	–	–
V-2	4.692	5.268	3.876	–	–
V-3	2.556	1.432	3.844	4.112	1.344
V-4	2.212	0.888	3.188	2.032	0.628
V-5	1.856	1.076	1.364	1.116	0.984
VI-1	2.180	1.348	–	–	–
VI-2	1.744	1.152	2.188	2.288	0.860
VI-3	2.236	1.404	1.596	4.108	2.104

（续表）

处理	第一批	第二批	第三批	第四批	第五批
Ⅵ-4	0.508	2.344	1.676	–	–
Ⅶ-1	1.512	1.208	3.336	–	–
Ⅶ-2	1.876	1.180	3.968	1.920	–
Ⅶ-3	2.796	0.892	0.856	3.404	1.524
Ⅶ-4	1.388	0.604	2.180	2.668	1.264
Ⅶ-5	1.928	1.300	1.492	1.612	1.048

注：Ⅰ-1～Ⅰ-5表示Mg^{2+}浓度依次为5、10、15、20和25mg/L；Ⅱ-1～Ⅱ-5表示K^+浓度依次为448、560、672、784和896mg/L；Ⅲ-1～Ⅲ-5表示SO_4^{2-}浓度依次为582、682、782、882和982mg/L；Ⅳ-1～Ⅳ-5表示NO_3^-浓度依次为438、876、1314、1824和2190mg/L；Ⅴ-1～Ⅴ-5表示C/N依次为2、3、6、9和12；Ⅵ-1～Ⅵ-4表示N/P依次为1.5、3、5和7；Ⅶ-1～Ⅶ-5表示C/P依次为9、18、27、36和45；"-"表示藻体接近死亡或已经死亡

表19　不同处理下Sp-D的产糖率

单位：g/(m³·d)

处理	第一批	第二批	第三批	第四批	第五批
Ⅰ-1	1.636	0.960	1.976	2.332	0.816
Ⅰ-2	1.860	1.012	1.860	1.496	2.336
Ⅰ-3	1.408	1.092	1.812	1.256	3.008
Ⅰ-4	1.104	2.464	1.236	0.840	0.920
Ⅰ-5	1.428	2.160	1.964	0.876	1.984
Ⅱ-1	1.744	1.560	1.884	1.504	2.404
Ⅱ-2	1.360	1.260	2.044	1.392	1.776
Ⅱ-3	1.816	0.832	1.992	1.148	2.052
Ⅱ-4	1.312	1.112	1.836	0.724	1.032
Ⅱ-5	1.056	1.052	1.564	2.076	0.712
Ⅲ-1	1.296	0.764	1.524	1.472	1.052
Ⅲ-2	0.920	1.024	2.032	1.640	1.884
Ⅲ-3	0.808	1.016	1.672	1.06	2.832
Ⅲ-4	1.920	1.328	1.572	1.636	0.856
Ⅲ-5	0.964	2.732	1.120	0.832	2.448

（续表）

处理	第一批	第二批	第三批	第四批	第五批
Ⅳ-1	0.868	0.932	1.856	1.064	-
Ⅳ-2	1.332	2.532	1.776	0.496	1.444
Ⅳ-3	0.932	2.060	1.032	0.592	1.084
Ⅳ-4	0.840	1.812	0.892	2.876	-
Ⅳ-5	1.280	1.148	1.540	-	-
Ⅴ-1	1.440	1.332	1.248	1.536	1.552
Ⅴ-2	2.708	1.152	2.600	4.560	-
Ⅴ-3	1.332	0.740	1.808	1.636	1.156
Ⅴ-4	1.068	0.880	1.308	0.872	0.968
Ⅴ-5	1.924	1.816	1.056	1.272	1.000
Ⅵ-1	1.037	2.175	2.315	-	-
Ⅵ-2	1.713	2.163	2.133	0.944	2.096
Ⅵ-3	2.088	0.791	0.947	0.836	-
Ⅵ-4	1.332	1.258	0.696	-	-
Ⅶ-1	1.948	1.668	1.420	1.140	
Ⅶ-2	2.000	0.984	2.348	0.656	0.648
Ⅶ-3	2.280	1.492	0.568	1.076	-
Ⅶ-4	1.588	2.164	1.856	0.952	0.668
Ⅶ-5	1.949	1.669	1.420	1.141	

注：Ⅰ-1～Ⅰ-5 表示 Mg^{2+} 浓度依次为 5、10、15、20 和 25mg/L；Ⅱ-1～Ⅱ-5 表示 K^+ 浓度依次为 448、560、672、784 和 896mg/L；Ⅲ-1～Ⅲ-5 表示 SO_4^{2-} 浓度依次为 582、682、782、882 和 982mg/L；Ⅳ-1～Ⅳ-5 表示 NO_3^- 浓度依次为 438、876、1314、1824 和 2190mg/L；Ⅴ-1～Ⅴ-5 表示 C/N 依次为 2、3、6、9 和 12；Ⅵ-1～Ⅵ-4 表示 N/P 依次为 1.5、3、5 和 7；Ⅶ-1～Ⅶ-5 表示 C/P 依次为 9、18、27、36 和 45；"-"表示藻体接近死亡或已经死亡

根据表 18 和表 19 的结果，对 Sp-E 和 Sp-D 的产糖率进行分组，设组距 $d=0.4g/(m^3 \cdot d)$，统计第 i 组内出现的次数 n_i 及其总和 N，并以产糖率为横坐标、n_i/N 为纵坐标作图，得到 Sp-E 和 Sp-D 的产糖率分布曲线（见图 34）。

由图 34 知，Sp-E 产糖率分布曲线的形状与 Sp-D 的相似，但 Sp-E 的 n_i/N 最高值为 26.45%，对应的产糖率为 1.2～1.6g/(m³·d)，而 Sp-D 的 n_i/N 最高值

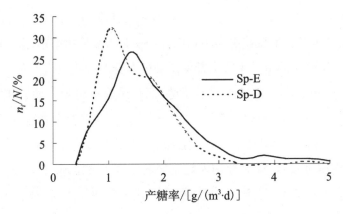

图34　Sp-E和Sp-D产糖率的分布图

为31.85%,对应的产糖率为0.8～1.2g/(m³·d)。同时,按统计学中66.6%的概率考察,Sp-E的产糖率多分布于0.8～2.0g/(m³·d)范围内,而Sp-D的产糖率则多分布于0.4～1.6g/(m³·d)范围内。因此,从"基因型"对产糖率这一"表型"的贡献率而言,Sp-E大于Sp-D。

3　讨论

我们通过测定收集的40株不同螺旋藻品系的多糖含量,表明不同品系之间存在明显差异。因此,对于螺旋藻高产多糖的研究,确立研究材料是至关重要的。根据实验结果,我们将多糖含量相对较高、具显著遗传学差异的螺旋藻品系Sp-E和Sp-D作为进一步研究的材料。

藻类的生长和多糖合成主要是由藻种本身特性决定的,但是培养条件对其也有影响。对于培养条件的研究,我们主要集中在营养盐对螺旋藻生长和多糖合成的影响。通过改变培养液中营养盐的浓度和相对比例,对Sp-E和Sp-D分别做了34个处理,且每个处理的培养液又相继培养了5批,理论上应有170(34×5)种培养液。但是在一些培养液中,因营养盐随培养的进行而耗竭,Sp-E和Sp-D藻体变黄或变白并逐渐死亡,没有继续培养。因此,实际上我们所做的Sp-E的培养液有155种,Sp-D的有157种。

不同营养盐组分在不同培养阶段消耗不同,因此在各种培养液中的含量也不同,从而得到很多组合的培养液。测定藻类在这些培养液中的生物量,进行数理统计和分析,得到Sp-E和Sp-D生长速率的分布图。结果表明,各种培养液对两者的生长速率影响相似,但Sp-E的生长速率总体上比Sp-D的高,两者生长速率的差异主要由螺旋藻藻种本身的特性引起。对于提高藻体的产量来说,Sp-E比Sp-D更具有优势,而且采收也更为方便。在实际生产中,通常是同一培养液采收多批,在培养期间,及时添加营养盐,以满足生长要求。我们通过研究认为,C、N、P对螺旋藻生长的影响比其他营养盐更为显著,添加应相对频繁,同时要调整好添加的比例。测定Sp-E和Sp-D的多糖含量,结合生长速率,得到的产糖率分布曲线表明,两者的产糖率分布曲线总体相似,产糖率的差异主要也是由藻种遗传背景不同而造成的。

许多研究表明,影响螺旋藻生长速率和多糖含量的因素主要为藻种本身特性和环境因子。我们在其他培养条件相同的情况下,将培养液的营养因子做了大量组合。结果表明,"基因型"无论对生长速率还是对产糖率的贡献率,Sp-E均大于Sp-D,因而我们将以Sp-E为出发品系选育产糖率更高的目标突变体。

第13章　高产多糖螺旋藻新品系 Sp-E(HPS)的选育与分子遗传学鉴定

　　综合前面对不同基因型螺旋藻 Sp-E 和 Sp-D 在不同环境因子下的多糖合成与生长特性的比较研究,以及国内外已有的相关研究结果可知,螺旋藻多糖作为一种次生代谢物质,其合成与累积一般属由多基因调控的数量性状,且受多种因素影响,不仅与螺旋藻本身的遗传特性有关,而且受营养条件与生长环境等多种复杂因素影响,即"表型=基因型+环境型"。因此,要建立螺旋藻高产多糖的技术体系,必须从"基因"和"环境"两方面同时入手:一方面,要利用现代生物技术选育高产多糖的螺旋藻新品系;另一方面,要建立有利于新品系高产多糖的最佳培养模式。同时,必须从理论上阐明螺旋藻多糖合成的调控基因及与环境的互作。由于目前螺旋藻大规模工厂化培植一般均采用成本较低而实用的半封闭或开放的跑道式循环池,除培养液营养成分可动态检测与调整外,温度和光照强度则不易受人为调控,随季节与气候变化较大。因此,应先从基因改良入手,育出具高产多糖特性的新品系,再进一步从环境优化角度发挥与保持其多糖高产特性,由此建立的螺旋藻多糖高产培植技术体系,更适应当前螺旋藻实际生产的迫切需要。

　　国内外虽在螺旋藻分子遗传学与转基因育种方面已做了不少工作,但到目前为止尚未建立行之有效的转基因育种体系。同时,螺旋藻多糖作为一种次生代谢物质,其合成与累积一般由多基因调控,这给培育高产多糖的转基因新品种(系)带来相当大的难度。因此,诱变育种仍是当前用来选育螺旋藻新品系(种)的主要有效手段。由于多糖含量属微观的生化性状,难以通过显微镜形态观察等手段从大量藻体中,将高产多糖的突变体筛选出来;若通过将诱变处理后的藻丝体或细胞进行克隆培养再逐个测定其多糖含量进行筛选,则工作量相当大,我们做了很长时间的努力也未能奏效。

值得指出的是,在长期的诱变育种中,我们发现(见第6章、第11章),螺旋藻对γ射线和紫外线等电离辐射具很强的抗性,其完整藻丝体在单一的电离辐射作用下难以发生突变,只有将其制备成单细胞或原生质球,且最好经理化诱变因素复合处理,才有较好的诱变效果,并有望获得目标突变体[21~25,72,87,91,92]。同时,通过对不同品系螺旋藻,以及同一品系不同材料(藻丝体、细胞或去鞘藻丝体)间辐射抗性与多糖含量的比较,显示螺旋藻的抗辐射能力与藻多糖含量呈显著的正相关,即多糖含量越高,辐射抗性越强[94]。因此,根据螺旋藻多糖含量与辐射抗性的正相关性,以及完整藻丝体在电离辐射作用下的遗传稳定性,也许可用较高剂量的^{60}Co-γ射线作为选育高产多糖螺旋藻突变体的筛选条件,以生长与多糖合成特性较好的Sp-E为出发品系,可望育出高产多糖的钝顶螺旋藻目标新品系。

1 材料与方法

1.1 供试材料

钝顶螺旋藻(*Spirulina platensis*)品系Sp-E、Sp-2001、Sp-D和Sp-Y等保存于浙江大学原子核农业科学研究所藻种室。

1.2 培养液配制

Zarrouk's培养液(简称ZM)详见第5章配方。生产上用的简易培养液(简称SZM),是以ZM培养液为基础进行简化:EDTA 0.08g/L(或不加)、$FeSO_4 \cdot 7H_2O$ 0.01g/L、$CaCl_2 \cdot 2H_2O$ 0.04g/L(根据培植用水中Ca^{2+}含量可酌减或不加)、$MgSO_4 \cdot 7H_2O$ 0.20g/L(根据培植用水中Mg^{2+}含量可酌减或不加)、NaCl 1.00g/L、K_2SO_4 1.00g/L(根据培植用水中K^+含量可酌减或不加)、$NaNO_3$ 2.50g/L(可减量至1/4,或用适量尿素等氮源替代)、K_2HPO_4 0.50g/L(可用KH_2PO_4替代)、$NaHCO_3$ 4.5g/L(根据培植用水中HCO_3^-含量可酌减)。

1.3 培养条件及生长速率测定

实验室培养在全自动温控光照培养箱中进行,光照强度为54μmol photons/(m²·s),光照时间为12h/d,光照时为30℃,黑暗时为20℃;工厂化培植试验在跑道式培植池中进行。培养过程中用Ultrospec2000紫外-可见分光光度计(美国)测定藻液在560nm波长处的光密度(OD_{560nm}),以反映螺旋藻的生长速率;培养结束时以干藻重计生物量。

1.4　诱变处理及突变体筛选

取在Zarrouk's培养液中培养并处于对数生长期的Sp-E藻丝体,用T8 Antrieb型高速组织匀浆机(德国)和Soniprep 150型超声波发生器(英国)处理,并结合离心沉降法制备单细胞或原生质球。将Sp-E单细胞或原生质球经0.6%的EMS和2.4kGy的^{60}Co-γ射线复合诱变处理,培养成藻丝体后再逐步以高剂量的γ射线为选择压力,将得到的藻丝体进行藻丝单体克隆后再培养成藻丝群体,将藻丝体分成2份,1份保种,另1份继续以更高剂量的γ射线为选择压力进行筛选,如此重复直至达到致死剂量。最后对获得的藻丝体进行单细胞分离与稳定性培养,并进行多糖含量等分析。

1.5　形态观察

在OLYMPUS CH3光学显微镜(日本)下检测藻丝体的形态,并摄影。

1.6　多糖含量测定

按第10章所建的微量快速测定方法进行,制作标准曲线用标准品为浙江大学生物资源与分子工程实验室研制的螺旋藻多糖测定标准品(SPS-std)。

1.7　蛋白质电泳分析技术方法

(1)主要生化试剂:均为进口分装。蛋白质分子质量标准样品购自安玛西亚公司,分子质量从小到大依次为14.4、20.1、30.0、43.0、66.0和97.0kD。

(2)主要仪器设备:Ultrospec2000紫外-可见分光光度计(美国)、MiniVE电泳系统(瑞典)、TGL-16G台式离心机(上海)、Beckman Avanti J-25高速冷冻离心机(美国)和TDL-5离心机(上海)等。

(3)Tris-HCl蛋白质提取液配制:0.125mol/L Tris-HCl(pH6.8),0.9% NaCl。4℃保存。

(4)SDS样品缓冲液配制:参照谷瑞升等[244]的方法进行,但各成分的含量有所调整。Tris-HCl(pH6.8)、甘油、SDS(十二烷基磺酸钠)和2-β-巯基乙醇浓度依次为64mmol/L、10%、2%和5%。室温保存。

（5）蛋白质浓度测定：参见 Bradford[242] 的方法。考马斯亮蓝 G-250 蛋白显色液组成为：0.01g 考马斯亮蓝 G-250、5ml 无水乙醇、10ml 85%（m/V）磷酸，用蒸馏水定容至 100ml。以牛血清白蛋白（BSA）为标准蛋白，作蛋白质浓度与 OD_{595nm} 值之间的标准曲线，取待分析的蛋白质溶液于考马斯亮蓝 G-250 蛋白显色液中，测其 OD_{595nm} 值，根据标准曲线计算待测样品的蛋白质浓度。

（6）有关试剂配制：

30% 丙烯酰胺单体贮液：将 29.2g 丙烯酰胺和 0.8g 甲叉双丙烯酰胺溶于约 80ml 重蒸水中并搅拌，溶解后定容至 100ml。用 Nalgene 过滤器（0.45μm）过滤，pH 不应大于 7.0，置棕色瓶中于 4℃保存。最长使用期不超过 30d。

分离胶缓冲液（1.5mol/L Tris-HCl，pH8.8）：称取 18.171g Tris 于 250ml 烧杯中，加入 60ml 蒸馏水，溶解后用 1mol/L HCl 调 pH 至 8.8，再用蒸馏水定容至 100ml。4℃保存。

浓缩胶缓冲液（0.5mol/L Tris-HCl，pH6.8）：称取 6.057g Tris 于 250ml 烧杯中，加入 60ml 蒸馏水，溶解后用 1mol/L HCl 调 pH 至 6.8，再用蒸馏水定容至 100ml。4℃保存。

10% SDS：10g SDS 溶于 100ml 蒸馏水中。室温保存。

2×SDS 样品缓冲液：2.5ml 浓缩胶缓冲液、2ml 甘油、4.0ml 10% SDS、1.0ml 巯基乙醇，用蒸馏水定容至 10.0ml。室温保存。

5×SDS-PAGE 电极缓冲液：称取 15.15g Tris、72.0g 甘氨酸和 5.0g SDS，溶于蒸馏水中并定容至 1000ml。4℃保存。用时平衡至室温并稀释至 5 倍。

（7）凝胶制备：安装好垂直板电泳槽玻璃板——用大的注射器或胶头滴管紧贴玻璃板，将现配并混匀的分离胶（见表 20）注入两玻璃板之间，至适当高度——在液面上轻铺一层约 2mm 高的正丁醇——在 30℃下水平静置 30~45min，使分离胶完全聚合——倒去正丁醇及水，用去离子水洗涤分离胶表面数次并吸干——用小的注射器，紧贴玻璃板，将现配并混匀的浓缩胶（见表 20）加入玻璃槽中，并立即插入梳子——在 30℃下水平静置 30~45min，使浓缩胶完全聚合——小心地拔出梳子，加入电泳缓冲液。

表20　不连续电泳分离胶和浓缩胶的配方

贮液	15%分离胶	4%浓缩胶
蒸馏水/ml	3.51	3.00
分离胶缓冲液/ml	3.75	–
浓缩胶缓冲液/ml	–	1.25
10% SDS/μl	150	50
30%丙烯酰胺单体贮液/ml	7.50	0.67
10% APS/μl	80	30
TEMED/μl	8	5
总量/ml	15	5

（8）点样及电泳：提取出来的蛋白质样品中加入少量溴酚蓝，沸水浴3～5min。在每个点样孔中点入10～20μg蛋白质，点样体积以10μl为宜。点样完毕，接通电源，进行电泳。采用稳压方式，浓缩胶电压为80V，分离胶电压为120V。待溴酚蓝前沿距凝胶下缘约0.5cm时结束电泳。

（9）固定：将电泳后的凝胶取出，立即放在20％三氯乙酸(TCA)固定液中，固定0.5h。

（10）染色和脱色：用含0.1％考马斯亮蓝R-250、40％甲醇、10％冰醋酸及50％蒸馏水的染色液振荡染色约1～2h。待整胶均匀着色后，换用含有40％甲醇、10％冰醋酸及50％蒸馏水的脱色液，振荡脱色，其间多次更换脱色液至背景基本无色，共需4～5h。

（11）凝胶成像：用VersaDoc 3000凝胶成像系统(美国)将脱色完成的凝胶自动成像并保存。

（12）蛋白质分子质量的计算：计算样品的相对迁移率 R_f（R_f＝样品迁移距离/指示剂迁移距离），以标准蛋白质分子质量的对数对其迁移率作标准曲线。将待测样品的相对迁移率代入查标准曲线，计算分子质量。

1.8　螺旋藻DNA研究技术方法

1.8.1　螺旋藻总DNA提取

（1）过滤取出处于对数生长期的藻丝体，洗净后，用吸水纸充分吸干，置于陶瓷钵中,加入液氮研磨,磨碎后加入约5倍于藻体的预热的CTAB提取液(0.05mol/L Tris-HCl,0.01mol/L EDTA,1% CTAB,1% β-巯基乙醇,pH8.0),轻轻混匀后移入离心管中,迅速放入60℃水浴中保温45min,其间每隔15min左右轻轻摇匀一次。

(2)取出离心管,冷却至室温时,加入等体积的氯仿:异戊醇(24:1)有机溶剂,轻轻往复颠倒混匀后,于15000r/min离心10min。

(3)将上清液吸至另一离心管中,加入2倍体积的−20℃预冷无水乙醇,摇匀后于−20℃冰箱中放置20min以上。

(4)离心后弃去上清液,室温下放置,使乙醇完全挥发后,加入适量TE缓冲液(0.01mol/L Tris-HCl,0.001mol/L EDTA,pH8.0),在37℃水浴中保温15min,使DNA溶解。

(5)在已溶解的DNA粗提液中加入适量RNase,使其终浓度为20μg/L,并在55℃水浴中保温60min。

(6)加入等体积的重蒸酚,轻轻往复颠倒混匀后,于15000r/min离心10min。

(7)移上清液于另一离心管中,加入等体积的重蒸酚:氯仿:异戊醇(25:24:1)有机溶剂,轻轻往复颠倒混匀后,于15000r/min离心10min。

(8)移上清液于另一离心管中,加入等体积的氯仿:异戊醇(24:1)有机溶剂,轻轻往复颠倒混匀后,于15000r/min离心10min。

(9)移上清液于另一离心管中,加入2倍体积的−20℃预冷无水乙醇及1/10体积的3mol/L的NaAc溶液(pH5.2),摇匀后于−20℃冰箱中放置20min以上,使DNA充分沉淀。

(10)于15000r/min离心10min,弃去上清,沉淀用−20℃预冷的70%乙醇洗涤2次,每步洗完后均在15000r/min下离心收集,室温下放置晾干。

(11)加入适量TE缓冲液(0.01mol/L Tris-HCl,0.001mol/L EDTA,pH8.0),在37℃水浴中保温15min,使DNA溶解。

(12)当DNA完全溶解后,置于4℃冰箱中备用或于−20℃下保存。

1.8.2　琼脂糖凝胶制备

称取1.2g琼脂糖,加入100ml 1×TBE电泳缓冲液,在微波炉中加热至琼脂糖完全溶解后,取出,冷却至60℃左右,摇匀后灌入已放好梳子的水平电泳槽内,厚度为3~5mm,待完全凝固后放入盛有电泳缓冲液的电泳槽中,调整缓冲液,使其高出凝胶表面1~2mm,小心地拔出梳子。

1.8.3　DNA的浓度及纯度检测

采用分光光度法。将DNA提取液稀释至一定倍数后,在Beckman DU-530紫外-可见分光光度计(美国)上于波长200~300nm下扫描,可得吸收光谱,并分别测定OD_{260nm}和OD_{280nm}。通过吸收光谱及OD_{260nm}与OD_{280nm}的比值,可知DNA提取液的纯度;也可用经验公式,根据OD_{260nm}计算提取液的DNA浓度,即:

$$DNA浓度(\mu g/ml) = OD_{260nm} \times 50 \times K$$

式中:K为稀释倍数。

此外,利用琼脂糖电泳也可对DNA提取液的纯度做出初步判断。

1.8.4　DNA琼脂糖凝胶电泳分析

在提取的总DNA中加入5μl样品缓冲液[0.25%溴酚蓝,40%(m/V)蔗糖水溶液],混合后,点到预先制备好的1.2%琼脂糖凝胶(含EB 0.5μl/ml)上,并在两侧点样孔点上DNA分子质量标准样品。起初用较高的电压(80~120V),电泳10min,待样品全进入凝胶后,稳压(1~5V/cm),电泳3h左右,即当溴酚蓝指示剂离凝胶边缘约2cm时,切断电源,停止电泳,取出凝胶,于凝胶成像系统上观察结果并照相记录,并根据DNA分子质量标准样品的迁移率计算DNA分子质量。

2　结果与讨论

2.1　高产多糖螺旋藻突变体的选育

以Sp-E为出发品系,经多次高剂量的γ射线为选择压力进行筛选,以及单细胞分离与稳定性培养,获得了34个藻株。它们能耐受7.5kGy的γ射线,而出发品系Sp-E对γ射线的致死剂量(LD)≤6.5kGy。将它们依次记为

Sp-E(HPS1)、Sp-E(HPS2)、Sp-E(HPS3)、……、Sp-E(HPS34),部分藻株的形态如图35所示。

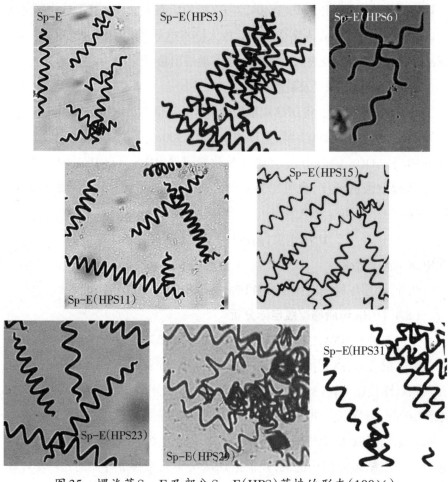

图35　螺旋藻Sp-E及部分Sp-E(HPS)藻株的形态(100×)

对这些藻株分别在ZM和SZM中做培植试验、生产性能观察与多糖含量分析,从中选出Sp-E(HPS3)、Sp-E(HPS6)、Sp-E(HPS11)、Sp-E(HPS15)、Sp-E(HPS23)、Sp-E(HPS29)和Sp-E(HPS31)共7株株系,做进一步筛选。这些藻株与其亲本Sp-E相比,形态学特征均发生了一些变化,但变异程度不尽相同。如Sp-E(HPS6)的藻丝体明显变短,螺旋度变小;Sp-E(HPS3)、Sp-E(HPS15)、Sp-E(HPS23)和Sp-E(HPS31)的螺旋度稍有增大;Sp-E(HPS11)的螺旋度明显增大;Sp-E(HPS29)在同一藻丝体中一端为较Sp-E螺旋度小的螺旋形,而另一端为非常紧密的弹簧形。这些藻株的形态变化反映出它们可能是Sp-E的突变体。综合生产培植试验,Sp-E(HPS11)藻粉的总多糖和水溶性多糖含量一般都分别在15%和10%以上(见表21),比Sp-E的明显提高;同时,Sp-E(HPS11)的生产性能好,适应环境能力强,藻体上浮性能好,藻丝体形态稳定且均匀,易于采收。因此,我们进一步选定Sp-E(HPS11)为高产多糖螺旋藻新品系的育种目标。为便于描述,将Sp-E(HPS11)简称为Sp-E(HPS)。

表21 Sp-E(HPS)在ZM和SZM中培养的多糖含量

ZM中培养			SZM中培养		
组别	总多糖含量/%	水溶性多糖含量/%	组别	总多糖含量/%	水溶性多糖含量/%
1	15.31	11.67	1	12.82	8.88
2	12.65	9.42	2	20.74	15.25
3	17.73	13.28	3	8.49	5.63
4	8.95	6.34	4	16.75	12.91
5	13.18	9.72	5	15.21	10.44
6	18.82	14.71	6	23.32	17.46

2.2 Sp-E(HPS)的分子遗传学分析与鉴定

由上述研究结果可初步判断Sp-E(HPS)为1株具有高产多糖特性的突变体,但仍需做分子遗传水平的分析与鉴定。

2.2.1 Sp-E(HPS)蛋白质水平的分子鉴定

现代分子遗传学研究表明,蛋白质是遗传物质的功能表达产物。因此,可以通过蛋白质表达的差异来考察分子水平的遗传与变异,进而对突变体进行鉴定。蛋白质SDS-PAGE已广泛应用于烟草、水稻、木本植物和海藻等生物的突变体鉴定。它对于鉴别具有遗传性的变异是非常有效的,并为在分子水平上探索品种的纯化和品系间遗传的鉴定提供了一种新方法。我们已系统地研究了螺旋藻蛋白质SDS-PAGE的分析方法及其在分类学和突变体鉴定等方面的应用,并在分子水平上建立了螺旋藻突变体鉴定方法。为此,我们对Sp-E(HPS)做了蛋白质水平的分子鉴定。

对Sp-E(HPS)及其亲本Sp-E所做的蛋白质SDS-PAGE分析(见图36)表明,两者的蛋白质组成及相对含量非常相似,充分表明了它们有着极相近的遗传背景。同时,即使在相同培养条件下,它们的蛋白质表达也存在着明显的差异,Sp-E(HPS)比Sp-E少了23.1kD和34.8kD两条蛋白质条带。可见Sp-E(HPS)和Sp-E在遗传学方面既相似又存在差异,进一步表明Sp-E(HPS)为Sp-E的突变体。

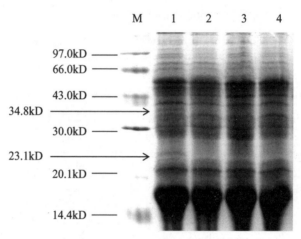

M:蛋白质标准样品;1:Sp-E;2:Sp-E(HPS),培养条件与Sp-E的相同;3、4:Sp-E(HPS),但2、3、4培养条件不同

图36 Sp-E和Sp-E(HPS)的SDS-PAGE图谱

同时,在图36中,不同条件下培养的Sp-E(HPS)的蛋白质图谱几乎无差别,均比Sp-E少了23.1kD和34.8kD两条蛋白质条带。Sp-E(HPS)的总多糖和水溶性多糖含量分别比Sp-E的至少高1倍,也许这种差异蛋白质与调控螺旋藻的多糖合成有关。我们已从Sp-E(HPS)中纯化出23.1kD蛋白质,并对其分子特性、结构与功能做了一些研究。

2.2.2 Sp-E(HPS)与Sp-E基因组外DNA的比较研究

对Sp-E(HPS)及其亲本Sp-E,以及Sp-2001、Sp-D和Sp-Y进行总DNA提取,并做电泳分析(见图37)。从图中可知,Sp-E、Sp-E(HPS)、Sp-2001的总DNA组成与Sp-D、Sp-Y的不同,它们除基因组DNA外还有一段基因组外DNA。其中,Sp-2001基因组外DNA约为700bp,Sp-E基因组外DNA约为

1110bp,而Sp-E(HPS)基因组外DNA则约为1400bp,提示Sp-E(HPS)的遗传背景与Sp-E的不同,因而进一步从DNA水平确认了Sp-E(HPS)是一株突变体。

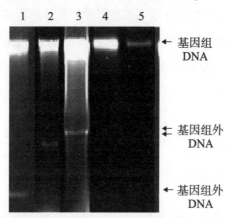

1～5依次为Sp-2001、Sp-E、Sp-E(HPS)、Sp-D和Sp-Y

图37　5株钝顶螺旋藻的总DNA电泳图谱

我们已从Sp-E(HPS)中纯化出基因组外DNA片段,并经测序表明其中间序列与Sp-E基因组外DNA的相同;而其上游254bp的DNA片段(见图38),经Blast数据库分析显示,与α-亚基藻胆青素裂解酶或有关蛋白(COG1413家族)具有60%以上的同源性。

```
sequence 254 bp  ( A:61 T:59  G:82  C:52 GC:0.53 )

  1 AGGGAACCCC AGCCAGTTAC AGGGGTTTCA AACCTATCTC ACCCAACCCT
 51 TTCAGGATGA ACAAATGCAG GAGTTTATCC GGCGCTGGTT TCGGGGGTTG
101 GTGGCGGCGG GTGAGGATGT CCAGTTAGCG GAATCGTTGT GGTCAGAATT
151 GCAAGAGTCG GGGAAAGAAC GGATTAAGGA TTTATGCCGC AATCCCCTGC
201 GGTTAACGTT GTTATGTTCG ACTTGGAAGG TGGAGGATGC GCTACCGGAA
251 ACGA
```

图38　Sp-E(HPS)基因组外DNA的上游序列

先前的研究已表明,Sp-E中基因组外1110bp的DNA片段具有转座子的特性与功能,而电离辐射又是转座子的激活因子。Sp-E受γ射线作用时,可能因转座子被激活,插入基因组DNA中,当从基因组DNA中被切除时,由于多切了一段DNA,所以一方面使Sp-E(HPS)的基因组外DNA增大,另一方面则使有关基因不能表达,相应蛋白不能合成,多糖合成等生物学特性发生改变。当然，这一推测还需进一步研究。

综上所述，Sp-E(HPS)的蛋白质电泳图谱和总 DNA 图谱与 Sp-E 的不同。一方面，这说明 Sp-E(HPS)确为一株基因发生变异的突变体；另一方面，这些差异可作为 Sp-E(HPS)分子水平的标记，对其进行种质鉴定。这对 Sp-E(HPS)的推广应用和知识产权保护具有重大意义。

第14章 高产多糖螺旋藻新品系Sp-08A的选育及蛋白质SDS-PAGE鉴定

值得注意的是,目前有关螺旋藻多糖的研究,大多侧重于其分离纯化、结构、功能方面,而在高产技术方面则较少涉及[78,180,201,258,259]。由于目前生产上所用的普通钝顶螺旋藻或极大螺旋藻的多糖含量普遍较低,且品种(系)间的差异较大,加之多糖分离纯化时要反复多次除去大量的蛋白质,致使螺旋藻多糖的提取率很低、制备成本昂贵,严重制约着螺旋藻多糖的产业化进程[180,201,259]。本章以多糖含量较高的钝顶螺旋藻为出发品系,利用先前所建的诱发突变、辐射逆境筛选和分子鉴定等技术,育出一株高产多糖的钝顶螺旋藻优良新品系,为加速螺旋藻多糖的产业化开发及其他生物高产多糖品种(系)的选育,提供理论依据和技术支持。

1 材料与方法

1.1 供试材料

钝顶螺旋藻(*Spirulina platensis*)品系Sp-01、Sp-02、Sp-04、Sp-05、Sp-07、Sp-08、Sp-10、Sp-11、Sp-12和Sp-14均保存于浙江大学原子核农业科学研究所藻种室,它们均为可用于工厂化生产。

1.2 培养条件及生长速率测定

采用Zarrouk's培养液[231]培养。实验室培养在全自动温控光照培养箱中进行,光照强度为54μmol photons/(m²·s),光照时间为12h/d,光照时为28℃,黑暗时为20℃;工厂化培植试验在面积为25m²的跑道式培植池中进行。生长速率测定参照文献[94]的方法进行。

1.3　诱变处理及突变体筛选

参照第6～7章所述的方法进行。

1.4　多糖含量测定

参照第10章所述的方法进行。

1.5　蛋白质SDS-PAGE分析及藻丝体形态观察

参照第13章所述的方法进行。

2　结果与讨论

2.1　出发品系与突变体筛选条件确立

表22分别为10株应用于工厂化生产的钝顶螺旋藻优良品系的多糖含量,以及在^{60}Co-γ射线辐照下的半致死剂量(LD_{50})和致死剂量(LD)。它们的多糖含量为5.85％～8.32％,Sp-08的最高,Sp-01的最低;它们对^{60}Co-γ射线均有很强的抗性,但它们的抗辐射能力不尽相同,并与各自的多糖含量呈显著正相关,各株系的LD_{50}与多糖含量间的相关系数达0.9873。

表22　钝顶螺旋藻的多糖含量与抗辐射能力的关系

株　系	多糖含量/%	LD_{50}^{*}/kGy	LD^{*}/kGy	株　系	多糖含量/%	LD_{50}^{*}/kGy	LD^{*}/kGy
Sp-01	5.85	2.2	5.5	Sp-08	8.32	3.2	6.6
Sp-02	8.02	3.0	6.5	Sp-10	7.63	2.9	6.4
Sp-04	6.62	2.6	5.7	Sp-11	6.13	2.4	5.5
Sp-05	7.23	2.7	5.9	Sp-12	8.15	3.1	6.5
Sp-07	7.41	2 .8	6.2	Sp-14	7.28	2.7	5.9

注:LD_{50}表示半致死剂量;LD表示致死剂量

已有众多研究表明,螺旋藻对γ射线和紫外线等电离辐射具很强的抗性,其完整藻丝体在单一的电离辐射作用下难以发生突变,只有将其制备成单细胞或原生质球后才有较好的诱变效果,并可望获得目标突变体[25,87,94]。上述结果进一步表明螺旋藻具有超强的抗电离辐射能力。此外,通过不同品系钝顶螺旋藻间辐射抗性与多糖含量的比较,进一步显示了它们的抗辐射能力确实与多糖含量密切相关,即多糖含量越高,辐射抗性越强[94]。因此,根据螺旋藻多糖含量与辐射抗性的正相关性,以及完整藻丝体在电离辐射作用下的遗传稳定性,也许较高剂量的^{60}Co-γ射线可作为选育高产多糖螺旋藻突变体的筛选条件。同时,本实验将以上述10株钝顶螺旋藻中多糖含量最高的Sp-08为出发品系,进行高产多糖钝顶螺旋藻突变体的选育。

2.2　高产多糖钝顶螺旋藻新品系选育

将处于对数生长期的Sp-08藻丝体用组织匀浆法制备成单细胞或原生质球,经0.6%的EMS和2.4kGy的^{60}Co-γ射线复合诱变处理,将它们培养成藻丝体后,再逐步以高剂量的γ射线为选择压力,并对不同形态的藻丝单体分离培养后,得到了4株对γ射线致死剂量高达7.0kGy的株系,分别记为Sp-08A、Sp-08B、Sp-08C和Sp-08D(见图39)。与出发品系Sp-08相比,Sp-08A的螺旋度稍有增加;Sp-08B的长度几乎短了一半;Sp-08C的长度约增加了一倍;Sp-08D的螺旋度明显增加,呈致密的弹簧形。同时,Sp-08A、Sp-08B、Sp-08C和Sp-08D的多糖含量比出发品系Sp-08的依次提高了32.8%、17.3%、23.4%和42.3%;Sp-08A、Sp-08B、Sp-08C和Sp-08D的生长速率依次为Sp-08的105.8%、98.7%、86.5%和68.3%(见表23)。在培养过程中还注意到:Sp-08A藻丝的分散性和上浮性最好;Sp-08B的分散性和上浮性虽好,但因藻体小而难以采收;Sp-08C和Sp-08D均因藻丝易相互缠绕、结块成团,而严重影响生长。

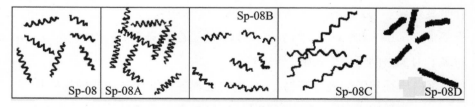

图39　螺旋藻形态突变体的显微形态学特征(100×)

表23　4株螺旋藻形态突变体的多糖含量及生长速率

株系	Sp-08A	Sp-08B	Sp-08C	Sp-08D
多糖含量/%	11.05	9.76	10.27	11.84
生长速率/Sp-08生长速率/%	105.8	98.7	86.5	68.3

多糖是生物体内重要的生化组成成分,想通过测定其多糖含量而从庞大的生物群体中筛选出极个别高产多糖的突变体是相当困难的,因而找出与多糖含量相关的筛选压力是选育高产多糖突变体的关键。上述4株形态突变体的多糖含量比出发品系的高17.3%～43.2%的结果首次表明,高剂量γ射线可作为选育螺旋藻高产多糖突变体的压力筛选因子。这一结论不仅对螺旋藻,而且对其他生物高产多糖品种(系)的选育与开发也具有重要的指导意义。同时,图39和表23显示,钝顶螺旋藻的辐射抗性与藻丝体的螺旋度之间似乎存有相关性,即螺旋度越大,抗辐射能力越强。这也许是由于含量与辐射抗性呈正相关的多糖是螺旋藻外鞘套和细胞壁的主要组成成分,而外鞘套和细胞壁则又是形成与维持藻丝体形态的重要结构。这一结果和笔者曾在研究不同品种(系)螺旋藻多糖含量与辐射抗性关系时所得的结果相吻合[94]。当然,对于是否可依螺旋藻的螺旋度比较其多糖含量的高低,尚需做进一步研究。

2.3　突变体的蛋白质SDS-PAGE鉴定

图40为Sp-08及其4株形态突变体Sp-08A、Sp-08B、Sp-08C和Sp-08D的蛋白质SDS-PAGE图谱。这5株材料蛋白质的分子质量及含量非常相近,但除Sp-08B的蛋白质SDS-PAGE图谱与Sp-08的几乎完全相同外,其余3株形态突变体之间,以及它们与亲本Sp-08之间的蛋白质SDS-PAGE图谱则存有明显差异。与亲本Sp-08相比,Sp-08A和Sp-08D均缺失122.0kD的蛋白质条带,Sp-08A和Sp-08C均多了62.7kD的蛋白质条带,Sp-08A和Sp-08D均多了31.8kD的蛋白质条带。

蛋白质是基因的表达产物,又是生物表现各种结构与功能的物质基础。汪志平[13]曾报道,螺旋藻各藻株有其特征性的蛋白质谱带,它们可作为螺旋藻分子水平分类和突变体鉴定的重要依据之一。上述5株材料的蛋白质SDS-PAGE图谱非常相近,与它们具有相同分子遗传背景的结果相吻合。同时,Sp-08A、Sp-08C和Sp-08D三者之间,以及它们与Sp-08之间的蛋白质SDS-PAGE图谱有明显的差异,又充分表明了Sp-08A、Sp-08C和Sp-08D确为3株在分子遗传水平发生变异的、高产多糖的、目标突变体。蛋白质双

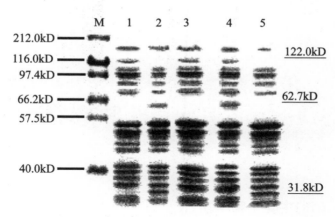

M：蛋白质标准样品；1：Sp-08；2：Sp-08A；3：Sp-08B；4：Sp-08C；5：Sp-08D

图40　螺旋藻形态突变体的蛋白质SDS-PAGE比较

向电泳可比上述单向电泳提供更丰富、全面的分子信息。Sp-08B和亲本Sp-08之间的蛋白质单向电泳图谱无差异，并不一定意味着Sp-08B在分子水平没有发生突变，需要利用蛋白质双向电泳和DNA分子标记等技术做进一步研究。

　　综上所述，上述4株形态突变体中，蛋白质SDS-PAGE的结果已表明Sp-08A、Sp-08C和Sp-08D确为发生遗传变异的高产多糖突变体。其中，Sp-08A的多糖含量虽仅为Sp-08D的93.3％，但它的生长速率最大，为Sp-08D的1.55倍，并且最适合用于工厂化培植，因而是一株较理想的高产多糖钝顶螺旋藻新品系。目前我们已实现Sp-08A的大规模培植与产业化开发，其高产多糖的分子遗传机理正在进一步研究之中。

第15章　Sp-E(HPS)的富硒及硒多糖Se-SPS制备技术

1　硒的主要生物学功效

硒(Selenium)是一种比较稀有的准金属元素,在地壳中的含量极少,是瑞典化学家Berzelius于1817年首次发现的[261]。硒的原子序数为34,相对原子质量为79,有-2价(硒化物)、0价(单质硒)、+4价(亚硒酸及盐类)和+6价(硒酸及盐类)等存在形式[262]。19世纪60年代,发生了因一些饲料被过量的硒污染而导致急性中毒的事件。在这之后的100年间,关于硒生物作用的研究因此集中在其毒性方面[263]。

1957年,人们惊奇地发现0.05～0.2ppm浓度下的硒(如亚硒酸钠)是一种生物必需的微量元素,缺硒会引起一系列疾病。通过在缺硒地区的饲料中添加硒的方法,美国每年减少损失5亿～6亿美元[264]。

20世纪70年代,硒谷胱甘肽过氧化酶的发现,揭开了硒在生命科学中所起的重要作用。之后的众多研究进一步揭示了许多它的重要生物功能[265]。硒早已被联合国卫生组织确认为人体必需而重要的微量元素。

现代生命科学的研究表明,硒不仅是某些酶的重要组成成分,而且具有高效清除自由基、提高机体免疫力、抑止肿瘤、调节肝血红素代谢等生物学功效;同时,硒还是汞、砷、铅和银等重金属元素的天然解毒剂[266]。

大量事实证明,缺硒会导致一系列疾病的发生。据统计,全球有40余个国家和地区缺硒,我国从东北到西南形成了一个缺硒地带。因此,在克山病等地方性疾病和癌症高发区,人群的血硒含量无不与这些疾病的发生率和死亡率呈负相关[265,266]。进一步研究表明,硒与肿瘤、衰老、心血管疾病、克山病、大骨节病、白内障和艾滋病等诸多疾病有关。在我国和美国等许多国家和地区,缺硒现象是普遍存在的,因而补充适量的硒是必要的[265,266]。

研究表明,无机硒与有机硒相比,在动物和人体中的利用率低,生理活性小,毒副作用大。因此,与氨基酸等结合的有机硒是理想的硒来源[267]。

近年来,人们为提高体内含硒水平,从食物链着手,采取了许多相应的措施。如用含硒饲料养鸡,提高鸡蛋的含硒量(山东烟台等);向田间施含硒复合化肥,提高小麦的含硒量(陕西彬州);向正在生长的小麦、水稻叶面上航空化喷洒硒溶液,加快作物吸收硒的速度(黑龙江垦区);在食盐中添加亚硒酸钠(江苏扬中)等。人们食用上述加硒的产品后,体内血硒含量普遍上升,相关的疾病发病率开始下降[268]。然而,如何以更简便、经济、快速的途径,生产易于被人体吸收、低毒高效、含硒量高的产品来满足社会的需要,已成为急待解决的问题。

2 研发富硒Sp-E(HPS)的意义

螺旋藻是一种高蛋白、富含多种生物活性物质的微藻,也是当前全球研究与开发规模最大的经济微藻[2,19,38]。螺旋藻本身具有提高机体免疫力、抗肿瘤、降血脂和抗病毒等多方面的作用,已有多种品牌的食品和医药保健产品上市[47,177~199]。但当前市面上的螺旋藻产品普遍存在功效不明确、某一具体功效作用不明显、作用缓慢等问题,严重影响产品的功能定位与市场销售。研究表明,螺旋藻对无机硒的耐受性强、富集系数大,对有机硒的转化率高,更重要的是,富硒螺旋藻不仅兼具普通螺旋藻和硒的生物学活性功效,而且由于两者合二为一,在抗肿瘤等方面表现出明显的协同促进作用[52,269~271]。同时,螺旋藻富硒后还合成了新的含硒的生物活性物质,在医药保健产品深度开发方面具有极为重要的意义。

螺旋藻多糖是一种具有广泛而独特生物活性的物质,在抗肿瘤、降血糖、抗衰老、抗氧化、抗病毒及抗辐射等方面具有良好的功效,是一种极具研究与开发前景的医药保健新资源[203~212]。值得进一步指出的是,Sp-E(HPS)是一种高产多糖的螺旋藻新品系,将它富硒后可望从其藻粉中提取出硒多糖等特殊的生物活性物质,具有更高的抗肿瘤功效。

3 螺旋藻粉中硒含量测定方法的建立

建立简便、有效的测定硒的方法是开展富硒螺旋藻研究与开发的基础。目前已有分光光度法、荧光分光光度法、原子荧光法、石墨炉原子吸收分光光度法和等离子发射光谱法等多种测定硒含量的方法[272]。其中,分光光度法虽然操作麻烦,样品前处理要求高,重现性差,干扰元素多,但大多数螺旋藻生产企业一般都具备分光光度计,而无等离子光谱仪等昂贵设备,因而建立和优化分光光度测硒法具有很强的实用性与现实意义[273]。硒是一种半重金属,若消化温度太高,藻粉样品中硒易挥发;若温度太低,则消化不完全,影响测定结果[271, 272]。我们通过研究建立了3,3-二氨基联苯胺(DAB,$C_{12}H_{14}N_4 \cdot 4HCl \cdot 2H_2O$)比色法,用于测定螺旋藻样品硒的含量。

该方法的步骤如下:

(1)样品前处理。称取捣碎均匀的样品0.2000g于50ml小烧杯中,加入5ml混合消化液(发烟硝酸:高氯酸=4:1)——盖上表面皿,在沙浴中于150℃左右加热约1h——待白色烟充满小烧杯或开始冒白烟时,取出,冷却约10min——加入5ml浓盐酸,放回沙浴中,于150℃左右加热至再次冒白烟(约10min)即取出——冷却后,用蒸馏水定容至5ml,待测。

(2)标准硒溶液配制。准确称取0.1000g高纯度硒粉(99.999%)于50ml小烧杯中——加入5ml浓硝酸,在通风橱里溶解——移至100ml容量瓶中,用10% HNO_3溶液定容至100ml——此溶液中硒的浓度为1mg/ml,使用时可稀释成1μg/ml的标准硒溶液。

(3)标准曲线制作。准确吸取1μg/ml硒的标准溶液0.0、2.0、4.0、6.0、8.0、10.0ml于50ml小烧杯中——加蒸馏水至35ml——分别加入5% EDTA-2Na溶液1ml,摇匀——用1:1盐酸调节溶液pH至2~3——各加入0.5% DAB(3,3-二氨基联苯胺)或0.7% DAB·4HCl(3,3-二氨基联苯胺四盐酸盐)4ml——摇匀,置于暗处反应30min——用5% NaOH溶液调节至中性——移至分液漏斗中,加入10ml甲苯,振摇2min,静置分层后弃去水层——甲苯层通过棉花栓过滤于10ml试管中——用754紫外-可见分光光度计(上海)于

420nm处测定光密度（OD$_{420nm}$）——以含硒量为横坐标、OD$_{420nm}$为纵坐标绘制标准曲线（见图41）。

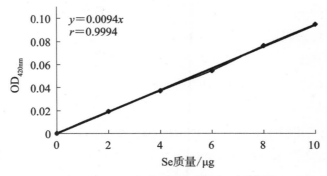

$$y=0.0094x$$
$$r=0.9994$$

图41　DAB比色法测硒的标准曲线

（4）样品分析。准确吸取适量的消化样液（视样品中硒含量而定），置于分液漏斗中——加蒸馏水至总体积为35ml——加入5% EDAT-2Na溶液1ml，摇匀，以下操作与标准曲线绘制中的相同——根据标准曲线，可由所测样品的光密度计算样品的含硒量。

（5）有关说明。3,3-二氨基联苯胺易氧化变质，故此溶液需现配现用。加甲苯萃取后若发生乳化现象，可加入几滴无水乙醇，并摇动，澄清后再过滤。在同一实验中最好用一种有机溶剂（甲苯或二甲苯等）萃取。

根据上述方法制得的测硒标准曲线的相关系数高达0.9997，测得的螺旋藻样品的硒含量与中国农业科学院茶叶研究所用等离子体光谱仪测得的结果非常吻合（见表24）。此法现已应用于生产。

表24　部分生产批次的富硒Sp-E(HPS)藻粉的硒含量

单位：mg/kg

藻粉的生产批次	等离子光谱仪测定结果	DAB比色法测定结果
010612	118.00	117.74
010825	112.20	112.57
020517	119.90	119.68
020622	106.50	105.93
020706	106.90	107.71
Se标准品(1mg/kg)	1.01	1.06

4 Sp-E(HPS)富硒生产技术体系的建立

有关螺旋藻富硒的研究已有许多报道,但在生产实际中的应用则鲜见报道[41,52,199]。这主要是由于大多数研究仅在实验室中进行短期试验,而未考虑到螺旋藻长期处于富硒环境中可能受到的毒害等生产实际问题。我们研究发现,螺旋藻处于较高浓度的硒的培养液中,无短期毒性的影响,但会表现为生长变慢、藻丝体变短小、螺旋度增大。

我们研究并确立了Sp-E(HPS)能在硒浓度为60mg/L的培养液中长期良好生长,并能生产出硒含量为100～120mg/kg的藻粉。表24为部分生产批次的富硒Sp-E(HPS)藻粉的硒含量。

5 Sp-E(HPS)中硒多糖Se-SPS的制备技术建立

在取得富硒Sp-E(HPS)藻粉的基础上,我们建立其多糖提取技术,并从中纯化出一种含硒的多糖(称为Se-SPS)(见图42)。经凯氏定氮法检测Se-SPS中不含N,经钼锑抗比色法检测Se-SPS中不含P,说明Se-SPS中不含蛋白质和核酸。进一步测定表明,Se-SPS的纯度高达87%～93%。表25为3批富硒Sp-E(HPS)藻粉提取过程中粗多糖与Se-SPS的硒含量。由表25可知,Se-SPS的硒含量达17mg/kg左右,说明硒酸化程度较高,可进一步用于抗肿瘤等试验研究。

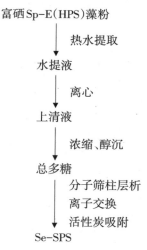

图42 硒多糖Se-SPS纯化的主要工艺路线

表25　螺旋藻硒多糖Se-SPS的硒含量

单位:mg/kg

藻粉的生产批次	粗多糖	Se-SPS
010825	1.99	18.10
020517	1.67	14.08
020622	2.35	17.56

第16章　螺旋藻多糖中硫酸基团含量测定方法的建立与优化

硫酸基团对多糖的抗肿瘤等生物学活性有至关重要的作用。氯化钡-明胶法是目前定量测定多糖中硫酸基团含量的常用方法。该法的基本原理是,通过酸水解从多糖中释放硫酸基团,其与$BaCl_2$在酸性溶液中作用,生成$BaSO_4$,然后与一定量的标准K_2SO_4溶液与$BaCl_2$在相同条件下反应后的溶液的浊度相比较,检测并计算样品中硫酸基团的含量[274,275]。为对螺旋藻多糖中硫酸基团含量等进行研究,本研究对测定反应温度和时间等条件进行了考察,确定绘制标准曲线的条件为:以K_2SO_4为标准品,线性范围为$0\sim40\mu g$或$40\sim160\mu g$,测定体系中HCl浓度为0.10mol/L,反应温度和时间分别约为20℃和10min,测定波长为360nm。分别以离心管、^{15}N测定管和安瓿瓶为水解装置,以SPS中硫酸基团含量测定值的重复性和准确性为评价指标,确定以安瓿瓶为水解装置,水解温度和时间分别为95℃和4h。利用改进后的氯化钡-明胶法测定5个SPS中硫酸基团的含量,平均值为1.17%,相对标准偏差$RSD=0.08\%$,说明所建方法数据稳定、重复性好。

1　材料与方法

1.1　材料

高产多糖钝顶螺旋藻(*Spirulina platensis*)品系Sp-E(HPS)干粉,由浙江大学建德微藻试验基地生产。

1.2　试剂与仪器

1.2.1　试剂配制

(1)明胶溶液:称取2g明胶,溶于40ml事先加热至60~70℃的ddH_2O

中,于4℃保存。

（2）BaCl₂明胶溶液:将0.5g BaCl₂溶于100ml明胶溶液中,于4℃保存。

（3）硫酸盐标准品:100μg/ml K₂SO₄水溶液,即SO₄²⁻浓度为55.17μg/ml。

（4）Sp-std标准品:160μg/ml Sp-std水溶液。

（5）6%苯酚:将6g苯酚溶于100ml ddH₂O中,现配现用。

1.2.2 主要仪器

Ultrospec2000紫外-可见分光光度计（美国）、R201旋转蒸发器（上海）、XMTE-8112恒温水浴（上海）、SHZ-D（Ⅲ）循环水多用真空泵（河南)等。

1.3 螺旋藻多糖提取

参照文献[274]的方法并略做改进。将螺旋藻干粉放入离心管,加20倍体积提取液,冻融2次后,80℃水浴保温4h,离心,取上清液;残渣中加入10倍体积提取液,继续水浴保温2h,离心后,合并两次上清液,加3倍体积95%乙醇于4℃冰箱中醇沉18h,离心所得沉淀用水溶解,即得到螺旋藻多糖粗提物。

1.4 硫酸基团含量测定——氯化钡-明胶法

1.4.1 标准曲线绘制

（1）分别取100μg/ml K₂SO₄标准品0、0.08、0.16、0.24、0.32、0.40ml,加ddH₂O至0.70ml。

（2）加入2mol/L HCl溶液0.05ml和BaCl₂明胶溶液0.25ml,摇匀。

（3）静置10min,测定波长360nm处的OD值,绘制标准曲线,并计算其回归方程。

1.4.2 样品处理

取待测样品1～3mg于安瓿瓶中,加入1mol/L HCl溶液1ml,密封,于95℃水浴中水解4h,然后在50℃水浴中减压抽干,用ddH₂O补足至2ml。

1.4.3 硫酸基团含量测定

（1）取0.40ml水解液,加入ddH₂O 0.30ml、2mol/L HCl溶液0.05ml和BaCl₂明胶溶液0.25ml,摇匀,静置10min后,测定360nm处的OD值。

（2）对照:除用明胶溶液替代BaCl₂明胶溶液外,其他均同（1）中方法。

（3）根据标准曲线计算待测样品中硫酸基团的含量。每个样品做3个重复。

注:氯化钡–明胶法测硫酸基团所用的玻璃器皿均先用浓硝酸浸泡1～2h,再用ddH₂O冲洗干净。

2 结果与讨论

2.1 测定条件的优化

2.1.1 测定波长

准确移取 $100\mu g/ml$ 的 K_2SO_4 标准品 0、0.08、0.16、0.24、0.32、0.40ml,用 ddH₂O 补足至0.70ml,加入 2mol/L HCl 溶液 0.05ml 和 BaCl₂ 明胶溶液 2.50ml,反应 10min 后,以 ddH₂O 为对照,测得它们在波长 200～400nm 处的吸收光谱(见图43)。溶液在240nm 附近的浊度最大,而后浊度随波长增大而迅速降低,300nm 后渐趋平缓。根据分光光度法波长的选择原则,选择入射光时,若无干扰,则选择最大吸收波长,可以提高测定的灵敏度;若有干扰,则应选择吸收较大而干扰最小的入射波长。由图44可知,在测定标准曲线时,300～400nm 波长下,反应液中的紫外吸收物质对 BaSO₄ 溶液浊度测定的干扰较小。因此,我们选择在310～380nm 波长下,每隔10nm 依次绘制标准曲线,并

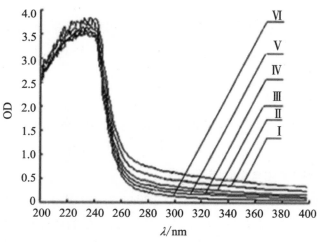

I～VI对应的 K_2SO_4 质量依次为 0、8、16、24、32 和 40μg

图43 K_2SO_4 标准液反应体系吸收光谱

计算各波长下标准曲线的回归方程。从表26可知,硫酸盐标准品在310～380nm波长下标准曲线的相关系数都比较相近,均大于0.99,并且随着波长的增加,标准曲线的斜率略有降低。理论上可以选择310～380nm的任意波长作为氯化钡-明胶法测定硫酸基团含量时的波长,但在实际测定时,往往会受螺旋藻多糖溶液中的蛋白质等紫外吸收物质的干扰,而且波长越靠近280nm,干扰越大(见图44)。因此,在综合以上因素后,我们选择以360nm为测定波长。

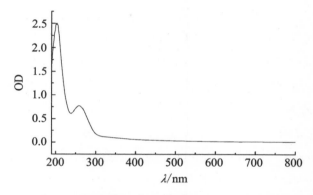

图44　螺旋藻粗多糖紫外-可见扫描光谱

表26　K_2SO_4标准液反应体系在不同波长下的回归方程

λ/nm	回归方程	r	λ/nm	回归方程	r
310	$y=0.0101x-0.0073$	0.9985	350	$y=0.0080x-0.0063$	0.9977
320	$y=0.0095x-0.0073$	0.9983	360	$y=0.0075x-0.0050$	0.9969
330	$y=0.0090x-0.0048$	0.9983	370	$y=0.0071x-0.0053$	0.9965
340	$y=0.0085x-0.0065$	0.9976	380	$y=0.0067x-0.0037$	0.9961

2.1.2　线性区间

在16支试管中分别加入含有0、2、4、6、8、10、16、24、32、40、80、120、160、200、280、360μg K_2SO_4的标准品溶液,根据氯化钡-明胶法测OD_{360nm}。从图45可知,随着硫酸基团含量的增加,OD_{360nm}先是直线上升,再逐渐趋于平缓。这说明,在一定范围内,硫酸基团含量与OD_{360nm}存在线性关系,而一旦超出这一范围,则该线性关系将不复存在。

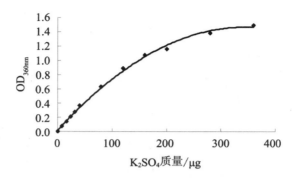

图45　K_2SO_4质量与OD_{360nm}关系曲线

由图46可知,当K_2SO_4质量为0~40μg和40~160μg,即SO_4^{2-}的物质的量为0~0.230μmol和0.230~0.920μmol时,反应液中SO_4^{2-}的浓度与OD_{360nm}成正比,r值分别为0.9995和0.9969,明显高于不分区段时拟合曲线的r值(r=0.9947,图中未列出)。值得注意的是,虽然在这两个范围内SO_4^{2-}浓度与OD_{360nm}具有良好的线性相关性,但是线性拟合曲线的斜率相差较大,分别为0.0088和0.0060。这说明氯化钡–明胶法测定硫酸基团含量的标准曲线可以分为低浓度和高浓度两个线性区间,对应的SO_4^{2-}的物质的量分别为0~0.230μmol和0.230~0.920μmol。

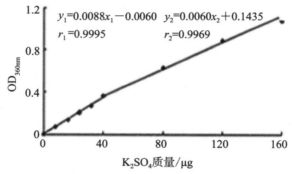

y_1:K_2SO_4质量(0~40μg)与OD_{360nm}关系曲线回归方程;y_2:K_2SO_4质量(40~160μg)与OD_{360nm}关系曲线回归方程

图46　氯化钡–明胶法标准曲线线性区间

2.1.3　反应温度

准确移取100μg/ml K_2SO_4标准品0、0.08、0.16、0.24、0.32、0.40ml,加ddH₂O至0.70ml,再加0.05ml 2mol/L HCl溶液和2.50ml $BaCl_2$明胶溶液,摇匀

后分别于10、20、30和40℃反应10min,测定波长360nm处的OD值(见表27),并计算回归方程。

表27　反应温度对测定结果的影响

温度/℃	K_2SO_4质量/μg						标线曲线回归方程	r
	0	8	16	24	32	40		
10	0	0.047	0.118	0.188	0.244	0.311	$y=0.0079x-0.007$	0.9988
20	0	0.041	0.115	0.208	0.258	0.335	$y=0.0086x-0.0133$	0.9957
30	0	0.043	0.117	0.174	0.239	0.314	$y=0.0079x-0.0104$	0.9977
40	0	0.040	0.114	0.184	0.253	0.320	$y=0.0082x-0.0131$	0.9975

由表27可知,相同质量的K_2SO_4在不同的温度下反应,测得的OD_{360nm}略有差异,在20℃反应条件下得到的斜率最大。这说明该反应温度下反应灵敏度最高,所以测定硫酸基团含量时反应温度以20℃为最佳。

2.1.4　反应时间

准确移取 100μg/ml K_2SO_4标准品 0、0.08、0.16、0.24、0.32、0.40ml,加ddH$_2$O 至 0.70ml,再加入 0.05ml 2mol/L HCl 溶液和 2.50ml BaCl$_2$ 明胶溶液,20℃条件下反应 10、20、30、40min 后,测 OD_{360nm},计算回归方程。从表28可知,10min后,SO_4^{2-}与Ba^{2+}即基本反应完全,并且在此后至少40min内OD_{360nm}保持稳定,标准曲线回归方程基本一致,相关系数r均大于0.997。因此,在用氯化钡-明胶法测定硫酸基团的含量时,反应10min即可,并且生成物较稳定。

表28　反应时间对测定结果的影响

时间/min	K_2SO_4质量/μg						标线曲线回归方程	r
	0	8	16	24	32	40		
10	0	0.043	0.117	0.174	0.239	0.314	$y=0.0079x-0.0104$	0.9977
20	0	0.046	0.114	0.175	0.234	0.308	$y=0.0077x-0.0085$	0.9984
30	0	0.047	0.108	0.171	0.233	0.304	$y=0.0076x-0.0091$	0.9984
40	0	0.050	0.112	0.174	0.234	0.309	$y=0.0077x-0.0077$	0.9985

2.1.5　HCl浓度

同以上方法绘制标准曲线,只是在不同组中加入不同体积的2mol/L HCl

溶液,控制反应体系中 HCl 的终浓度分别为 0.05、0.10、0.15、0.20、0.25 和 0.30mol/L,在 20℃条件下反应 10min 后测定 OD_{360nm}(见表 29)。

表29　HCl浓度对测定结果的影响

HCl 浓度/ (mol/L)	K_2SO_4 质量/μg						标线曲线 回归方程	r
	0	8	16	24	32	40		
0.05	0	0.061	0.122	0.166	0.237	0.298	$y=0.0074x+0.0001$	0.9987
0.10	0	0.063	0.122	0.177	0.227	0.307	$y=0.0074x-0.0006$	0.9981
0.15	0	0.056	0.108	0.176	0.252	0.313	$y=0.0079x-0.0078$	0.9980
0.20	0	0.057	0.103	0.164	0.236	0.304	$y=0.0076x-0.0073$	0.9971
0.25	0	0.017	0.083	0.163	0.220	0.296	$y=0.0077x-0.0251$	0.9896
0.30	0	0.010	0.069	0.134	0.204	0.263	$y=0.0070x-0.0268$	0.9862

从表 29 可以看出,相同质量的 K_2SO_4 在不同 HCl 浓度下反应,在 HCl 浓度为 0.25mol/L 和 0.30mol/L 时,浊度呈明显降低的趋势。这说明 HCl 浓度对硫酸基团含量的测定有较大影响,HCl 浓度过高(≥0.25mol/L)会导致测定的灵敏度下降。同时,考虑到在实际测试液中可能会存在 CO_3^{2-} 等杂离子,如果 HCl 浓度过低,CO_3^{2-} 也会与 Ba^{2+} 作用,形成 $BaCO_3$ 沉淀而影响测定结果。我们选择反应体系中 HCl 的终浓度为 0.10mol/L。

综上所述,氯化钡-明胶法测定螺旋藻多糖中硫酸基团含量标准曲线绘制时的优化条件为:以 K_2SO_4 为标准品,测定波长为 360nm,标准曲线线性范围为 0~40μg 或 40~160μg,测定体系中 HCl 浓度为 0.10mol/L,反应温度约为 20℃,反应时间约为 10min。

2.2　螺旋藻多糖水解条件的优化

2.2.1　水解装置

本实验用 1mol/L 的 HCl 溶液作为水解液,在沸水浴中水解多糖。而 HCl 为易挥发物质,如果水解装置的密封性不好,HCl 的挥发会造成水解体系中 HCl 实际浓度降低,从而导致多糖水解不充分,影响硫酸基团含量测定的准确性和重复性。此外,密封性不好也会造成水浴中的水渗透进入水解装置而造成污染,影响结果的可信度。因此,选用一种密封性良好的水解装置是实验成功的关键之一。为此,我们分别以离心管、¹⁵N 测定管和安瓿瓶为水解装置,研究其对螺旋藻多糖中硫酸基团含量测定的影响。

（1）离心管

在 1、2、3 号离心管中分别加入适量螺旋藻多糖样品,加入 HCl 溶液后,在沸水浴中水解 6h。测定水解液中硫酸基团离子浓度,并计算多糖中硫酸基团含量。从表 30 可知,用离心管作水解容器所得结果的重复性不好。这可能是因为离心管的密封性不好,水解时有部分水浴中的水进入离心管而造成污染。

表30　水解装置对螺旋藻多糖水解效果的影响

| 装置 | m/mg | t_s | OD$_{360nm}$ | | | OD$_{对照}$ | OD$_{360nm}$−OD$_{对照}$ | $m_{标}$/μg | SO$_4^{2-}$含量/% |
			重复1	重复2	重复3				
离心管	2.4	5	0.127	0.127	0.130	0.066	0.062	9.93	1.15
	3.1	5	0.371	0.359	0.370	0.244	0.123	18.29	1.64
	2.4	5	0.232	0.233	0.248	0.204	0.034	6.10	0.71
¹⁵N 测定管	1.9	5	0.04	0.040	0.041	0.047	−	−	−
	1.4	5	0.041	0.042	0.038	0.040	−	−	−
	1.4	5	0.035	0.034	0.035	0.031	−	−	−
安瓿瓶	2.1	5	0.127	0.123	0.127	0.080	0.046	7.32	0.98
	2.1	5	0.094	0.088	0.092	0.050	0.041	6.65	0.89
	2.1	5	0.089	0.088	0.096	0.049	0.042	6.79	0.90

注:硫酸基团含量计算公式为:SO$_4^{2-}$含量(mmol/mg)$=\dfrac{m_{标}\times 10^{-3}}{174\times m}\times t_s$;SO$_4^{2-}$含量(％)$=SO_4^{2-}$含量(mmol/mg)$\times 96\times 10^2$。式中:$m_{标}$为根据标准曲线方程,由 OD$_{360nm}$计算所得,μg;$m$ 为多糖样品质量,mg;t_s 为分取倍数;174 为 K$_2$SO$_4$ 标准品的摩尔质量,mg/mmol;10^{-3}为 μmol 换算成 mmol;96 为 SO$_4^{2-}$的摩尔质量,mg/mmol

（2）¹⁵N 测定管

在 1、2、3 号 ¹⁵N 测定管中各加入 1.4mg 螺旋藻多糖样品,加入 HCl 溶液后,用硅胶塞封住管口,在沸水浴中水解 6h。测定水解液中硫酸基团离子浓度(见表 30)。样品的 OD$_{360nm}$ 与对照组的几乎一样,表明样品几乎没有水解。这可能是因为 ¹⁵N 测定管直径太小,HCl 受热挥发后重新冷凝回流的部分都聚集在管颈部,未能流入水解液中,故水解效果较差。

（3）安瓿瓶

准确移取 13.8mg/ml 螺旋藻多糖样品 0.15ml 于安瓿瓶中，加入 0.35ml ddH$_2$O 和 0.5ml 2mol/L HCl 溶液，高温封口后，在沸水浴中水解 6h。测定水解液中硫酸基团离子浓度，并计算多糖中硫酸基团含量（见表 30）。结果表明，安瓿瓶经高温封口后密封性好，能保证多糖充分水解，实验的重复性较好，可信度较高。

2.2.2　水解温度

取适量螺旋藻多糖样品于安瓿瓶中，加入 HCl 溶液至终浓度为 1mol/L，封口后置于不同温度的水浴中水解 6h，测定硫酸基团含量。每个实验重复 3 次。

由图 47 可知，随着水解温度的增加，螺旋藻多糖中硫酸基团含量测定值逐渐增大，在 95℃时达最大值。为此，我们选择螺旋藻多糖的水解温度为 95℃。

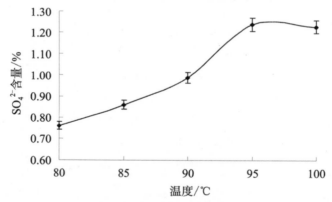

图 47　水解温度对螺旋藻多糖中硫酸基团含量测定结果的影响

2.2.3　水解时间

取适量螺旋藻多糖样品于安瓿瓶中，加入 HCl 溶液至终浓度为 1mol/L，封口后置于 95℃水浴中分别水解 2、3、4、5 和 6h，测定硫酸基团含量。每个实验重复 3 次。

由图 48 可知，随着水解时间的增加，螺旋藻多糖中硫酸基团含量测定值逐渐增大，当时间达到 4h 之后，硫酸基团含量测定值随时间的推移变化不大。因此，我们选择螺旋藻多糖的水解时间为 4h。

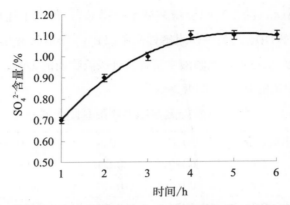

图48　水解时间对螺旋藻多糖中硫酸基团含量测定结果的影响

2.3　螺旋藻多糖中硫酸基团含量的测定

2.3.1　外标法

准确称取 5 份 2.5mg 螺旋藻多糖于安瓿瓶中，加入 1mol/L HCl 溶液 1ml，封口后置于 95℃ 水浴中水解 4h，在 50℃ 水浴中减压抽干后，用 ddH₂O 补足至 2ml，得到螺旋藻多糖水解样品。

准确移取 K₂SO₄ 标准液（100μg/ml）0、0.08、0.16、0.24、0.32、0.40ml，加 ddH₂O 使体积均为 0.70ml，再加入 2mol/L HCl 溶液 0.05ml 和 BaCl₂ 明胶溶液 0.25ml，摇匀后，于 20℃ 反应 10min，测定波长 360nm 处的 OD 值，得到如图 49 所示的标准曲线。可以看出，在 0～40μg 内，K₂SO₄ 含量与浊度呈良好的线性关系，符合 Beer 定律，$r=0.9982$，标准曲线回归方程为 $y=0.0084x-0.0032$。

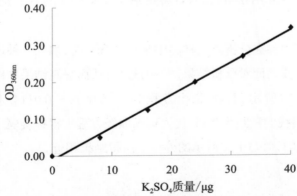

图49　氯化钡-明胶法测硫酸基团含量标准曲线

吸取2份0.4ml的待测螺旋藻多糖水解样品：一份同上述标准曲线制作步骤测定样品的OD_{360nm}；另一份水解样品中以$BaCl_2$溶液代替$BaCl_2$明胶溶液，测定值记为$OD_{对照}$，以消除水解液中所含紫外吸收物质的影响。根据OD_{360nm}—$OD_{对照}$计算其中硫酸基团含量（见表31）。

表31　螺旋藻多糖中硫酸基团含量

序号	多糖质量/mg	OD_{360nm}	$OD_{对照}$	$OD_{360nm}-OD_{对照}$	SO_4^{2-}含量/%
1	2.7	0.189	0.121	0.068	1.1
2	2.7	0.182	0.107	0.075	1.2
3	2.7	0.174	0.091	0.083	1.3
4	2.7	0.167	0.097	0.070	1.1
5	2.7	0.132	0.060	0.072	1.2
平均值	2.7	0.169	0.095	0.074	1.2

由表31可知，用优化的螺旋藻多糖中硫酸基团含量测定方法测得的数据重复性好，灵敏度高。平均硫酸基团含量为1.2%，相对标准偏差$RSD=0.08\%$（$n=5$）。

2.3.2　内标法

准确移取K_2SO_4标准液（100μg/ml）0、0.08、0.16、0.24、0.32、0.40ml于6个安瓿瓶中，依次加入13.81mg/ml螺旋藻多糖溶液0.10ml和2mol/L HCl溶液0.50ml，并用ddH_2O补足体积至1.00ml，封口，置于95℃水浴中水解4h，并减压抽干，残渣用0.4ml ddH_2O溶解后，用同2.3.1的方法测定硫酸基团含量。

内标法是一种在分析测定样品中某组分含量时，加入一种内标物质以消除操作条件的波动而对分析结果产生的影响，从而提高结果准确度的校准方法[276]。如图50所示，标准曲线方程为$y=0.007x-0.0114$，相关系数$r=0.9971$，内标曲线的截距为0.35，代入标准曲线方程求得螺旋藻多糖中硫酸基团的含量为1.03%，与上文所示的外标法所得结果相近。

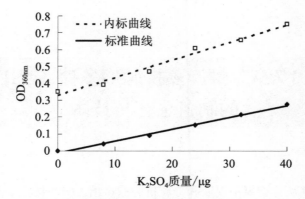

图50　内标法测硫酸基团含量标准曲线

第17章 螺旋藻抗肿瘤多糖ATSPS 的制备工艺与技术

本实验室从螺旋藻中提取和分离抗肿瘤多糖ATSPS的主要步骤为：①以水为提取溶剂，水料比、提取温度和提取时间依次为30：1、74℃和6h；②醇沉体系pH为3.5左右，醇沉时间为18h；③采用Sevag法去蛋白2次。利用上述所建技术工艺从高产多糖螺旋藻粉中制得ATSPS的纯度≥85%，提取率≥1.77%。进一步对ATSPS用Sephacryl S-200柱进行层析等纯化，得到了纯度达96.2%的产物，符合作为标准品的要求，将之记为ATSPS-std。同时，ATSPS对S180荷瘤小鼠的抑瘤作用显示，与对照组相比，其抑瘤率达71.54%，与目前临床上应用的西药——环磷酰胺(CTX)的效果相当。

1 材料与方法

1.1 材料

实验所用高产多糖钝顶螺旋藻(*Spirulina platensis*)干粉由浙江大学建德微藻试验基地生产；环磷酰胺注射液由山西普德药业有限公司生产；注射用生理盐水由南京小营制药厂生产。昆明种小白鼠(KM)由浙江大学医学院提供；小鼠S180肉瘤株由浙江大学生命科学学院提供。

1.2 试剂与仪器

1.2.1 主要试剂

螺旋藻多糖标准品(Sp-std)由本实验室制备，不含氮、总磷，表明无蛋白质和核酸等杂质；测定蛋白质含量的标准品为牛血清白蛋白(BSA)，购自上海生工生物工程公司；层析用Sephacryl S-200，购自Amersham Pharmacia Biotech。其余试剂均为国产分析纯。

1.2.2 主要仪器

Ultrospec2000紫外-可见分光光度计（美国）、UNIVERSAL 320R冷冻离心机（德国）、R201旋转蒸发器（上海）、XMTE-8118恒温水浴（上海）、SHZ-D（Ⅲ）循环水多用真空泵（河南）等。

1.3 螺旋藻粗多糖提取

参照文献[274]的方法并略做改进。

（1）称取适量螺旋藻干粉于塑料离心管中，加30倍体积dH_2O，混匀后室温浸泡20min。

（2）冻融2次，然后在74℃水浴中保温提取6h，离心得上清液。

（3）上清液在55℃条件下旋转蒸发浓缩至原体积的1/5后，加入3倍体积95％乙醇[277]，用HCl溶液调至pH≈3.5后，置于4℃冰箱中沉淀18h。

（4）离心，沉淀用dH_2O充分溶解（可于40℃适当加热），离心，取上清液。

1.4 多糖含量测定

利用硫酸-苯酚法测定多糖含量，参照第10章的改进方法。

1.4.1 标准曲线制作

（1）编号为1～6的试管中分别加入Sp-std标准品（160μg/ml）0、0.4、0.8、1.2、1.6和2.0ml，并用dH_2O补齐至2.0ml。

（2）加入1ml 6％苯酚溶液和5.5ml浓硫酸，摇匀后在30℃条件下反应30min。

（3）以1号试管中的反应液为对照，测定484nm处的吸光值（A_{484nm}）。

（4）应用Excel软件作A_{484nm}（纵坐标）与多糖质量（横坐标）的标准曲线，并自动生成线性回归方程。

1.4.2 样品多糖含量测定

（1）取适量待分析的多糖溶液，用dH_2O补齐至2.0ml。

（2）加入1ml 6％苯酚溶液和5.5ml浓硫酸，摇匀后在30℃条件下反应30min。

（3）以1号试管中的反应液为对照，测定484nm处的吸光值（A_{484nm}）。

（4）求A_{484nm}的平均值，根据标准曲线计算待测样品中的多糖含量。每个样品做3个重复。

1.5 蛋白质含量测定

参照Bradford[242]的考马斯亮蓝G-250法测定蛋白质含量。Bradford显色液组成为：0.01％（m/V）考马斯亮蓝G-250，4.7％（m/V）乙醇，8.5％（m/V）磷酸。

1.5.1 标准曲线制作

（1）编号为1～6的试管中分别加入BSA标准液（100μg/ml）0、0.1、0.2、0.3、0.4和0.5ml，并用dH$_2$O补齐至0.5ml。

（2）加入2.5ml Bradford显色液，摇匀后于室温静置5min。

（3）以1号试管中的反应液为对照，测定595nm处的吸光值（A_{595nm}）。

（4）应用Excel软件作A_{595nm}（纵坐标）与BSA质量（横坐标）标准曲线，并自动生成线性回归方程。

注：每次测定时均需单独制作标准曲线。

1.5.2 样品蛋白含量测定

（1）取适量待测定的样品液，用dH$_2$O补齐至0.5ml。

（2）加入2.5ml Bradford显色液，摇匀后于室温静置5min。

（3）以1号试管中的反应液为对照，测定595nm处的吸光值（A_{595nm}）。

（4）求A_{595nm}的平均值，根据标准曲线计算待测样品中的蛋白质含量。每个样品做3个重复。

1.6 硫酸基团含量测定

精确称量螺旋藻多糖1～2mg，用1ml 1mol/L HCl溶液将其洗入安瓿瓶中，封管，置于95℃沸水浴中水解4h。减压抽干（50℃），用2ml dH$_2$O溶解后，取0.4ml溶液，按第16章所建方法进行测定。

1.7 Sevag法去蛋白

参照文献[278]中的方法进行。

（1）取40ml粗多糖溶液于离心管中，加入1/4体积的Sevag试剂[V（氯仿）∶V（正丁醇）＝4∶1]，振荡30min。

（2）离心，取5ml上清液，加入3倍体积的95％乙醇，加HCl溶液调pH≈3.5

后,在4℃冰箱中沉淀18h。其余上清液重复(1)、(2)步操作,共5次。

(3) 离心,沉淀用40℃温水溶解,冷冻干燥后取样测定多糖、蛋白质和硫酸基团含量,并计算多糖得率和蛋白去除率。

1.8 TCA法去蛋白

参照文献[279]中的方法进行。各取4.5ml粗多糖溶液于6支50ml离心管中,加入适量10%的TCA溶液,加水补足体积至5ml,使溶液中TCA的终浓度依次为0、0.1%、0.2%、0.3%、0.4%和0.5%。置于4℃冰箱中沉淀4h,离心,上清液中加入3倍体积的95%乙醇,加HCl溶液调pH≈3.5后,置于4℃冰箱中沉淀18h,离心,沉淀用40℃温水溶解,冷冻干燥后取样测定多糖、蛋白质和硫酸基团含量,并计算多糖得率和蛋白去除率。

1.9 Sephacryl S-200柱层析纯化

对经Sevag法去蛋白后的螺旋藻抗肿瘤多糖粗提物(ATSPS-CE)用Sephacryl S-200层析柱进行纯化,具体步骤如下:

(1) 装柱。将层析柱(1.6cm×90cm)垂直固定在铁架台上,打开柱下部的出口。溶胀完全的填料用dH_2O清洗3次后,加入1倍体积的dH_2O,用玻璃棒轻轻搅匀后缓慢灌入层析柱中。

(2) 平衡。将层析柱与ÄKTA Explorer-100纯化系统连接,用5个柱体积的dH_2O平衡,流速为0.5ml/min。

(3) 上样及洗脱。ATSPS-CE用dH_2O溶解后以1ml/min的流速上柱。上完样品后,用dH_2O洗脱,流速为0.5ml/min。分步收集洗脱液,并用硫酸-苯酚法检测多糖含量。

1.10 多糖抗肿瘤实验

参照文献[280]中的方法进行。昆明种小鼠,雄性,18~22g。取腹腔接种S180肉瘤株8d的荷瘤小鼠,无菌操作条件下抽取腹腔瘤液,以灭菌生理盐水稀释成1:3浓度的瘤细胞悬液,于小鼠右前肢腋部皮下接种0.3ml/鼠。接种后24h称重,随机分为5组:空白对照组(给药生理盐水,CK),阳性对照组(给药CTX 20mg/kg体重),高、中、低3个剂量给药组(分别给药ATSPS 50、25、12.5mg/kg体重),容量均为0.2ml/10g体重,连续10d。末次给药后24h将小鼠脱颈椎处死,剥离肉瘤,用电子天平称重。计算各组小鼠瘤重平均值及其标准差($\bar{x}\pm$SD),以给药组与空白对照组比较,计算瘤重抑制率(%)=〔给药组平均瘤重(g)－对照组平均瘤重(g)〕/对照组平均瘤重(g),并做显著性检验。

2 结果与讨论

2.1 螺旋藻多糖粗提条件的优化

如表32所示,根据盛海林等[281]的球面设计方法,设计实验方案,考察了水料比(X_1)、提取时间(X_2)和提取温度(X_3)对多糖提取率的影响。

表32 球面对称设计方案和结果

序号	水料比X_1/(L/g)	提取时间X_2/h	提取温度X_3/℃	多糖提取率/%
1	10	2.8	74	5.89
2	10	2.8	86	4.73
3	10	5.2	74	6.75
4	14	5.2	74	7.40
5	14	2.8	86	5.43
6	14	5.2	86	5.81
7	30	4	80	8.75
8	20	6	80	8.37
9	20	4	70	7.10
10	20	4	90	6.02

将实验数值用Excel软件进行多元分析,得到回归方程:$y=-0.17714X_1+0.056625X_2+0.103749X_3+0.000775X_1^2+0.085965X_2^2-0.00088X_3^2+0.001929X_1X_2+0.002504X_1X_3-0.00831X_2X_3$,$r=0.997$,$F=40.9132$。根据回归方程计算得到优化的工艺条件为:$X_1=30$L/g,$X_2=6$h,$X_3=74$℃,预测$y=10.11$%。

称取0.1000g藻粉,根据实验所得优化条件提取粗多糖,并测定提取率(见表33)。3次重复的平均值为10.45%,与预测值相近。

表33　螺旋藻多糖提取率实验测定结果

序号	1	2	3
藻粉质量/g	0.1000	0.1010	0.1005
多糖提取率/%	9.02	10.35	11.52

水提醇沉法是多糖提取的常用方法,螺旋藻多糖的提取率随温度的上升,先升高后下降。分析其原因:一方面是因为多糖的热稳定性较差,在高温条件下有可能会热降解或发生糖链断裂,生成低聚糖或单糖。另一方面是因为温度偏低时又可能存在某种降解多糖的酶,使高相对分子质量多糖发生酶解,生成的低相对分子质量组分在醇沉过程中丢失。因此,根据球面设计所得结果,我们选择螺旋藻多糖的提取条件为:水料比为30:1,提取时间为6h,提取温度为74℃,提取次数为1次。此优化工艺与潘秋文等[282]报道的提取工艺相比,在多糖提取率相差不大的前提下,温度低22℃,提取次数少1次。这不仅更有利于保持多糖的生物学活性,而且较低的提取温度和较少的提取次数还可以降低能耗,减少生产成本,从而为螺旋藻多糖的大规模产业化开发提供了可借鉴的技术参考。

2.2　螺旋藻多糖醇沉条件的优化

2.2.1　沉淀时间对螺旋藻多糖回收量的影响

称取螺旋藻干粉15.0000g,按2.1所得的优化条件提取螺旋藻多糖,经离心得多糖粗提液。在9个50ml的塑料离心管中各加入多糖粗提液5ml,加入3倍体积的95%乙醇,用HCl溶液调至pH≈3.5,然后置于4℃冰箱中依次沉淀8、10、12、14、16、18、19、20和21h。离心,沉淀溶于4ml dH$_2$O后,用硫酸-苯酚法测定多糖含量。

乙醇沉淀是分离多糖的常用方法。在多糖的水溶液中加入乙醇可以破坏多糖溶剂化水膜,降低溶液介电常数,使多糖沉淀出来。但沉淀物中多糖的回收量与沉淀的时间有关,且对于不同来源的多糖,沉淀时间不尽相同。从图51可知,沉淀时间会影响螺旋藻多糖的回收。随着沉淀时间的增加,回收量稳步上升,在大约18h后逐渐趋于平缓。因此,醇沉时间选择18h。

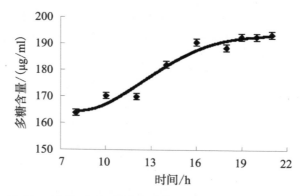

图51　沉淀时间对螺旋藻多糖回收量的影响

2.2.2　醇沉体系pH对螺旋藻多糖的影响

取5ml多糖粗提液于8个50ml的离心管中,并分别加入22.5ml 95％乙醇。然后,除8号管不加HCl溶液,pH≈6.8外,其余7管用1mol/L的HCl溶液调节pH依次至3.0、3.5、4.0、4.5、5.0、5.5和6.0,并用水补足体积至30ml。置于4℃冰箱中沉淀18h,离心,沉淀用40℃温水溶解,并定容至10ml。取样测定多糖和硫酸基团含量,计算多糖纯度。

从表34可知,随着pH的增大,多糖回收量逐渐升高,而纯度逐渐降低,且均在pH5.0时出现拐点,此后,体系pH的改变对其影响不大。值得注意的是,随着体系pH的增大,回收多糖中的硫酸基团含量先上升后下降,在pH3.5时达到最大值,为2.1％。研究表明,在酸性条件下,蛋白的表面疏水性会增加,因此,随着pH的降低,蛋白逐渐因沉淀而被去除,从而提高了多糖的纯度。但是,在强酸性溶液中,多糖和蛋白也会形成不溶于水的胶质体复合物,所以降低醇沉体系的pH,虽然有助于减少杂蛋白含量,提高多糖纯度,但也会造成总糖含量的降低。研究发现,降低醇沉体系的pH,虽会降低总糖的回收量,但更有利于酸性多糖的回收。ATSPS是一种带有硫酸基团的酸性多糖,因此,低pH时,其在总糖中的相对含量比高pH时的更高,硫酸基团的含量也相对较高。

ATSPS的抗肿瘤、抗血管平滑肌细胞增生、抗凝血等生物学活性均与其糖链上连接的硫酸基团有关。因此,在提取过程中如何保持多糖中硫酸基团的含量,是研究ATSPS生物学活性的关键。从实验结果可知,在醇沉时将体

表34　pH对螺旋藻多糖回收量、纯度和硫酸基团含量的影响

管号	1	2	3	4	5	6	7	8
pH	3.0	3.5	4.0	4.5	5.0	5.5	6.0	6.8
多糖体积/ml	10							
多糖浓度/（mg/ml）	4.90±0.23	5.10±0.05	5.60±0.10	6.30±0.10	7.40±0.10	7.50±0.04	7.60±0.03	7.70±0.16
SO_4^{2-}含量/%	1.50±0.05	2.10±0.08	1.70±0.06	1.40±0.04	1.30±0.06	1.20±0.04	1.10±0.02	1.20±0.03
多糖纯度/%	57.30±0.59	51.20±0.29	44.30±0.54	41.30±0.40	34.60±0.30	34.50±0.12	38.40±0.09	39.90±0.52

系 pH 调至 3.5 左右，可以达到较理想的结果。此时，虽然多糖回收量略少，但其纯度和多糖中硫酸基团的含量均相对较高，分别为 51.2％和 2.1％。这与陈昕等的研究结果相近：不同酸化条件对 ATSPS 去除蛋白效果的影响以 pH4.0为最佳，此时多糖中硫酸基团含量相对较高。本研究选用 pH3.5～4.0，可得到纯度达 40％以上的 ATSPS，提取率约为干藻粉的 6.3％，可作口服制剂。

2.3　ATSPS 去蛋白方法的选择和优化

由于醇沉回收多糖的纯度只有 50％左右，而螺旋藻多糖中的杂质主要是蛋白质，因此，需要采用其他方法进一步去除其中的杂蛋白，以提高粗多糖的纯度。

2.3.1　Sevag 法去蛋白

如表35所示，取适量螺旋藻多糖提取液，用 Sevag 法去蛋白。结果表明，随着 Sevag 法去蛋白次数的增加，蛋白去除率逐渐上升，由第 1 次的 36.2％达到第 5 次的 72.3％。但多糖回收率和回收多糖中硫酸基团含量逐渐下降，回收率由 83.4％下降为 69.1％，硫酸基团含量由 2.0％降为 0.9％，降幅分别达到17.3％和55.0％。

表35　Sevag 法去蛋白次数对多糖回收率、蛋白去除率和硫酸基团含量的影响

次数	0	1	2	3	4	5
蛋白去除率/%	0	36.2	51.0	65.9	71.0	72.3
多糖回收率/%	100	83.4	76.3	69.3	68.9	69.1
SO_4^{2-}含量/%	2.0	1.4	1.3	1.1	1.0	0.9

虽然Sevag法比较温和,一般不会造成糖链的断裂,但有部分蛋白多糖也会在Sevag法去蛋白过程中随杂蛋白一块被去除[278]。此外,在去蛋白的过程中,不可避免有部分多糖溶液残留在有机溶剂中被一起弃去。因此,去蛋白次数越多,多糖回收率越低。

值得注意的是,在绝大多数有关Sevag法去蛋白工艺的研究中,技术参数多为蛋白去除率和多糖回收率,而很少关注硫酸基团含量。因此,研究所得工艺需用Sevag法去蛋白5～8次,甚至十几次[283,284]。而从我们的研究结果可知,增加去蛋白次数虽有利于去除蛋白质,但不利于ATSPS的回收。由于本研究主要以ATSPS为目标,综合考虑蛋白去除率、多糖回收率和多糖中硫酸基团含量,我们选取Sevag法去蛋白次数为2次。

2.3.2 TCA法去蛋白

从表36可知,随着TCA浓度的增大,蛋白去除率逐渐上升,由0.1%时的23.6%达到0.5%时的66.8%,并且在TCA浓度大于0.2%之后变化逐渐趋于平缓。但多糖回收率和回收多糖中硫酸基团含量逐渐下降,回收率由73.6%下降为26.8%,硫酸基团含量由1.4%降为0.5%,降幅分别达到63.6%和64.3%。TCA是一种有机酸,它能与蛋白质形成蛋白-$(TCA)_n$缔合高分子,并进一步聚集成较大的、不溶于水的[蛋白-$(TCA)_n$]$_m$缔合微粒或超分子,达到去蛋白的效果。与Sevag法相比,此法能缩短流程,减少有机溶剂用量,但是反应较剧烈,有可能会造成糖链的断裂,从而导致部分低相对分子质量多糖在醇沉过程中丢失,引起回收率和硫酸基团含量的降低。

表36　TCA浓度对多糖回收率、蛋白去除率和硫酸基团含量的影响

TCA浓度/%	0	0.1	0.2	0.3	0.4	0.5
蛋白去除率/%	0	23.6	51.2	59.6	63.4	66.8
多糖回收率/%	100	73.6	50.0	37.6	34.8	26.8
SO_4^{2-}含量/%	2.1	1.4	1.0	1.0	0.8	0.5

值得注意的是,同Sevag法去蛋白工艺研究一样,绝大多数文献中并未将硫酸基团含量列为此法的技术参数,因此,去蛋白时所用的TCA浓度较高,多为3%～10%,甚至重复多次。从本研究结果可知,高浓度的TCA不利于

ATSPS的回收,浓度越高,ATSPS损失越大。因此,在综合考虑蛋白去除率、多糖回收率和回收多糖中硫酸基团含量后,如采用TCA法作为去蛋白方法,选用的TCA浓度应为0.2%,去蛋白次数为1次。

2.3.3 TCA-Sevag联用法去蛋白

从2.3.1和2.3.2可知,Sevag法和TCA法均能去除多糖粗提物中的部分杂蛋白。但因为所用去除试剂的种类有所不同,去蛋白原理也不一样,所以两种方法去除的蛋白种类可能也不尽相同。因此,我们尝试将Sevag法和TCA法进行联用,以考察TCA-Sevag联用法是否能更有效地去除多糖粗提物中的蛋白质杂质,并且提高硫酸基团的保留量。TCA-Sevag联用法去蛋白步骤见表37。

表37　TCA-Sevag联用法去蛋白步骤

编号	处理
1	18ml螺旋藻粗多糖——加入2ml 1.0% TCA溶液——摇匀——4℃冰箱中沉淀4h——离心——取上清——加入5ml Sevag试剂——振荡30min——离心——取上清——加入3倍体积95%乙醇——加HCl调pH≈3.5——4℃条件下沉淀18h——离心——沉淀溶于dH₂O,并定容至25ml
2	18ml螺旋藻粗多糖——加入4.5ml Sevag试剂——振荡30min——离心——取上清——加入2ml 1.0% TCA溶液——摇匀——4℃冰箱中沉淀4h——离心——取上清——加入3倍体积95%乙醇——加HCl调pH≈3.5——4℃条件下沉淀18h——离心——沉淀溶于dH₂O,并定容至25ml
3	18ml螺旋藻粗多糖——加入2ml 1.0% TCA溶液——摇匀——4℃冰箱中沉淀4h——加入5ml Sevag试剂——振荡30min——离心——取上清——加入3倍体积95%乙醇——加HCl调pH≈3.5——4℃条件下沉淀18h——离心——沉淀溶于dH₂O,并定容至25ml
4	18ml螺旋藻粗多糖——加入4.5ml Sevag试剂——振荡30min——加入2ml 1.0% TCA溶液——摇匀——4℃冰箱中沉淀4h——离心——取上清——加入3倍体积95%乙醇——加HCl调pH≈3.5——4℃条件下沉淀18h——离心——沉淀溶于dH₂O,并定容至25ml
5	18ml螺旋藻粗多糖——加入2ml 1.0% TCA溶液——加入5ml Sevag试剂——摇匀后振荡30min——4℃冰箱中沉淀4h——离心——取上清——加入3倍体积95%乙醇——加HCl调pH≈3.5——4℃条件下沉淀18h——离心——沉淀溶于dH₂O,并定容至25ml

从表38可知,同单独用Sevag法和TCA法相比,TCA-Sevag联用法确实能提高蛋白去除率和多糖回收率。特别是1号联用法,蛋白去除率是Sevag法和TCA法单用时的1.4倍,多糖回收率分别为Sevag法和TCA法单用时的0.97和1.5倍。但是,ATSPS的损失率更高,回收多糖中硫酸基团含量分别只有Sevag法和TCA法单用时的42.8%和55.7%。由于本研究主要以ATSPS为研究对象,所以不宜采用TCA-Sevag联用法去蛋白。不过,鉴于TCA-Sevag联用法能更有效地去除螺旋藻多糖粗提物中的杂蛋白,因此,在某些不是以硫酸多糖为主要对象的研究中可以尝试使用此方法。

表38　TCA-Sevag联用法对多糖回收率、蛋白去除率和硫酸基团含量的影响

序号	1	2	3	4	5
蛋白去除率/%	71.9	67.9	77.9	59.8	53.1
多糖回收率/%	73.8	72.4	62.2	73.5	74.7
SO_4^{2-}含量/%	0.6	0.6	0.7	0.5	0.6

综上所述,Sevag法和TCA法均可作为ATSPS去蛋白的方法。但是,在蛋白去除率均为50%时,Sevag法的多糖回收率比TCA法的高约20%,而且回收多糖中硫酸基团含量也相对略高。因此,在本实验中,我们采用Sevag法去蛋白。ATSPS提取和分离工艺的主要步骤为:①以水为提取溶剂,水料比、提取温度和提取时间依次为30:1、74℃和6h;②醇沉体系pH为3.5左右,醇沉时间为18h;③采用Sevag法去蛋白,去蛋白次数为2次。由表39可知,利用上述所建技术工艺从高产多糖螺旋藻粉中制得的ATSPS的纯度≥85%,达到注射级的要求;ATSPS的提取率高达1.77%。

表39　高产多糖螺旋藻粉中制得ATSPS的纯度与提取率

藻粉质量/g	ATSPS			
	质量/g	纯度/%	提取率/%	SO_4^{2-}含量/%
250	4.43	87.4	1.77	2.42

2.4　ATSPS高纯标准品的制备

取ATSPS 200.0mg,上样于Sephacryl S-200层析柱(1.6cm×90cm),用ddH$_2$O以0.5ml/min的流速洗脱,分步收集,每管6ml,取1.0ml分步收集液,用

硫酸-苯酚法检测,绘制洗脱曲线(见图52)。由图52可知,经Sephacryl S-200柱分离后,分别在16～28和38～42管处出现了2个几乎对称的峰。其中,16～28管处的为主峰。合并16～28管的洗脱液,冷冻干燥后,测得其纯度达96.2%,符合作为标准品的要求,将之记为ATSPS-std。ATSPS在此制备工艺中的得率达73.6%,纯度增加了10%。对ATSPS-std的总氮、总磷及重金属(Pb、As、Cd)等所做的检测结果(见表40)表明,ATSPS-std中几乎不含重金属(Pb、As、Cd)、总氮和总磷,由此可知ATSPS-std中几乎不含蛋白质和核酸等最难去除的杂质,这也充分说明样品已达高纯度。

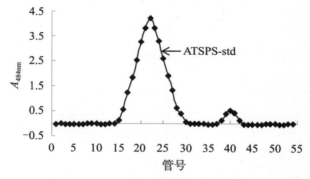

图52　Sephacryl S-200洗脱曲线

表40　ATSPS-std中总氮、总磷及重金属等项目检测结果

检测项目	检测结果	检测项目	检测结果
总氮含量/%	0.04	砷含量/(mg/kg体重)	0.02
总磷含量/(mg/kg体重)	<0.005	镉含量/(mg/kg体重)	<0.01
		铅含量/(mg/kg体重)	0.05

2.5　ATSPS抑制小鼠S180肉瘤效果试验

由表41可知,螺旋藻抗肿瘤多糖ATSPS 50、25、12.5mg/(kg体重·d)静脉注射给药10d,对S180荷瘤小鼠均有一定的抗肿瘤作用。与对照组相比,瘤重抑制率分别为71.54%、56.92%和43.87%。其中,以高剂量组ATSPS的抑瘤效果为最佳,与目前临床上应用的西药——环磷酰胺的效果相近;中、低剂量组ATSPS的抑瘤率好,达到极显著水平,且呈现良好的剂量效应关系。

表41　ATSPS对小鼠S180肉瘤的抑制作用

组别	n	给药/(kg体重·d)	瘤重/g	抑瘤率/%
生理盐水	10	–	2.53±0.43	0
CTX	10	20mg×10	0.65±0.38*	74.31
ATSPS	10	50mg×10	0.71±0.31*	71.54
ATSPS	10	25mg×10	1.09±0.28*	56.92
ATSPS	10	12.5mg×10	1.42±0.36*	43.87

注：*表示与空白对照组相比，$P<0.01$

第18章 螺旋藻抗肿瘤多糖ATSPS及其标准品的分子表征

ATSPS和ATSPS-std的紫外-可见吸收光谱在波长195～215nm处均有吸收峰,在波长300～800nm处均没有吸光值;ATSPS的光谱在波长250～280nm处有1个小的吸收肩,而ATSPS-std的光谱在此波长内很平坦,这说明ATSPS中含有少量的核酸和蛋白质等杂质,而经柱层析纯化后获得的ATSPS-std则几乎就不含核酸和蛋白质等杂质。ATSPS和ATSPS-std的红外吸收光谱显示,它们在3600～3200、3200～2800、1400～1200和1200～1000cm^{-1}这4个谱段内都出现了典型的多糖物质吸收峰,并且在1237cm^{-1}附近都有表征硫酸酯中S=O伸缩振动的特征吸收峰,说明它们均为硫酸多糖,且糖链等分子结构相近。ATSPS及ATSPS-std的GC-MS分析结果显示,它们的单糖组成基本相同,即都含有L-鼠李糖、D-木糖、D-葡萄糖、D-半乳糖、D-阿拉伯糖、D-甘露糖和葡萄糖醛酸。

1 材料与方法

1.1 材料

实验所用高产多糖钝顶螺旋藻(*Spirulina platensis*)干粉由浙江大学建德微藻试验基地生产。

1.2 试剂与仪器

1.2.1 主要试剂

除用于测定多糖中单糖组成的鼠李糖、果糖和葡萄糖等标准样品购自Sigma公司外,其余试剂均为国产分析纯。

1.2.2　主要仪器

UNIVERSAL 320R冷冻离心机(德国)、Ultrospec2000紫外–可见分光光度计(美国)、ÄKTA Explorer-100蛋白质纯化系统(美国)、6890N型GC-MS分析系统(美国)、超微弱发光仪(上海)、BenchTop 2K冷冻干燥系统(美国)、TENSOR 22傅里叶变换红外光谱仪(德国)、769YP-15A粉末压片机(天津)等。

1.3　紫外–可见吸收光谱扫描

将多糖粉末配制成一定浓度的多糖溶液后,在紫外–可见分光光度计上进行195～800nm波长吸收光谱扫描。

1.4　IR吸收光谱扫描

采用溴化钾压片法测定硫酸多糖组分的红外光谱。取0.1～0.5mg干燥的多糖粉末,与10～50mg干燥的溴化钾粉末混合,置于玛瑙钵中研磨均匀,经压片机压成薄片后立即进行红外光谱测定,扫描范围为4000～400cm^{-1}。

1.5　单糖组成测定

1.5.1　多糖水解

称取待测多糖样品5mg于安瓿瓶中,加入1ml的2mol/L三氟乙酸(TFA),封管后,置于110℃烘箱内水解2h,冷却至室温,用少量水洗涤2次,一起转入10ml的具塞试管中,减压蒸干,再加入少量水后重复操作,以除尽TFA,最后常压烘干。

1.5.2　糖分子GC-MS测定前处理

称取5mg单糖标准样品或经TFA水解的待测多糖样品于10ml的具塞试管中,加入10mg盐酸羟胺及0.4ml无水吡啶,振荡,待其充分溶解后,于90℃水浴中反应30min,冷却至室温,加入0.6ml无水乙酸酐,于90℃水浴中反应30min,进行乙酰化反应,待冷却后转入5ml离心管中,10000r/min离心5min,转入新的离心管中,用吡啶稀释10倍、100倍、1000倍3种待测液。

1.5.3　色谱分析条件

毛细管气相色谱柱(固定液为ov-1701或ov-101);氢离子化火焰检测器(FID检测器);柱温为以10℃/min的速度由190℃升至230℃,保持5min,检测器和进样口温度均为250℃;氢气流速为30.0ml/min,空气流速为300.0ml/min,

氮气流速为20.0ml/min。

2 结果与讨论

2.1 紫外-可见吸收光谱分析

由ATSPS和ATSPS-std的紫外-可见吸收光谱(见图53)可知,它们在波长195～215nm处有1个吸收峰,这主要是源于糖分子在这一较高能量的紫外波段下具有吸光特性。ATSPS在波长250～280nm处有1个小的吸收肩,而ATSPS-std在此波长内很平坦,这说明ATSPS中含有少量的核酸和蛋白质等杂质,而经柱层析纯化后获得的ATSPS-std几乎不含核酸和蛋白质等杂质,这与ATSPS-std中总氮和总磷的含量几乎为0的结果相吻合。ATSPS和ATSPS-std在波长300～800nm处均没有吸光值,说明它们都不含色素类杂质。

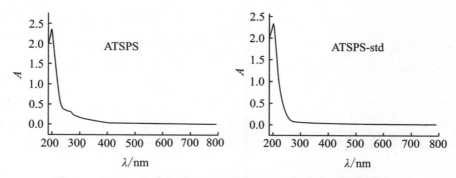

图53 ATSPS及其标准品ATSPS-std的紫外-可见吸收光谱

2.2 IR吸收光谱分析

图54是ATSPS和ATSPS-std的红外吸收光谱。表42为它们的振动方式和官能团分析。一般认为,糖类物质中O—H和分子内或分子间氢键的伸缩振动在3600～3200cm^{-1}处出现一种宽峰;C—H的伸缩振动区出现在3200～2800cm^{-1}处;C—H的变角振动区出现在1400～1200cm^{-1}处;由C—O—H和吡喃糖环的C—O—C两种C—O形成的伸缩振动区出现于1200～1000cm^{-1}处。亚甲基在2930～2850cm^{-1}处有弱吸收峰,伯酰胺键在2950～2830cm^{-1}处有弱双吸收峰,乙酰基的酰胺基团在1633cm^{-1}处有吸收峰。

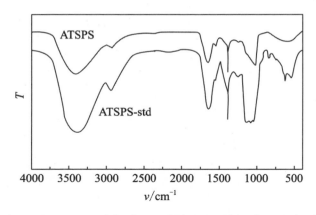

图54　ATSPS及其标准品ATSPS-std的红外吸收光谱

表42　ATSPS及其标准品ATSPS-std的红外吸收光谱分析

ν/cm^{-1}		振动方式或官能团
ATSPS	ATSPS-std	
3419	3423	—OH 伸缩振动
2934	2934	糖类 C—H 不对称伸缩振动
1647	1635	乙酰基的酰胺基团
1385	1384	糖类 C—H 变角振动
1236	1235	—O—SO_3—H
1026	1028	C—O 伸缩振动
–	837	C—O—S

注:"–"表示没有吸收峰或吸收峰较小

从图54和表42可知,上述2种多糖在3600～3200、3200～2800、1400～1200和1200～1000cm^{-1}这4个谱段内都出现了典型的多糖物质吸收峰,并且在1237cm^{-1}附近都有表征有硫酸酯存在的S=O伸缩振动的特征吸收峰。因此,ATSPS和ATSPS-std均为硫酸多糖,且糖链等分子结构相近。这从有关它们的硫酸基团含量及ATSPS-std的层析柱纯化洗脱等结果中也得到了充分反映。

2.3　单糖组成分析

对 ATSPS 及其标准品 ATSPS-std 做 GC-MS 分析,MS 谱如图55所示。解

析结果显示,它们的单糖组成基本相同,即都含有L-鼠李糖、D-木糖、D-葡萄糖、D-半乳糖、D-阿拉伯糖、D-甘露糖和葡萄糖醛酸。

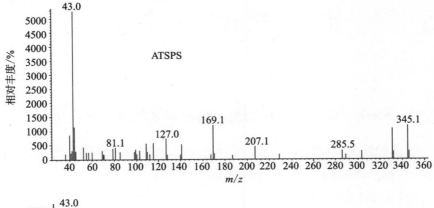

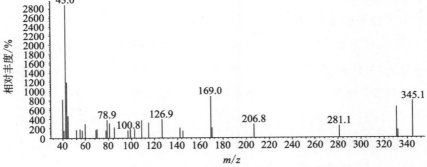

图55   ATSPS及其标准品ATSPS-std的MS谱

第19章 Sp-E(HPS)的产业化关键技术与应用

1 Sp-E(HPS)高产多糖生产培植体系的建立与优化

目前螺旋藻大规模工厂化培植一般均采用成本较低且实用的半封闭或开放的跑道式循环池。该设备除培养液营养成分可通过动态检测而调整外，温度和光照强度则不易受人为调控，随季节与气候变化较大[7]。同时，实际生产中螺旋藻所受的光照强度和温度变化较大。在实验室培养条件下，一般以日光灯、白炽灯或碘钨灯为光源，它们的光质与太阳光的差异较大，而且已有研究表明，光质对藻类多糖的合成有较大影响。因此，根据第12章中营养因子对Sp-E和Sp-D等螺旋藻品系多糖合成与生长影响的研究结果，以及高产多糖钝顶螺旋藻新品系Sp-E(HPS)的初步室内外培植试验结果，并结合国内外有关多糖生物合成的成果，我们将Sp-E(HPS)建立与优化高产多糖生产培植体系的重点放在生产小试与中试上，将实际生产试验中遇到的问题带到实验室进行必要的实验研究。这一策略大大缩短了Sp-E(HPS)的产业化进程与推广应用，减少了大量不能与生产实践紧密联系的实验室研究工作。

我们采用简易Zarrouk's培养液（简称SZM）（详见第13章），结合生产培植的实际情况，先在6m²的培植池中做小试（见图56），然后到25m²的培植池中做中试，再扩大到250m²或500m²的生产试验培植池进行大规模培植试验（见图57）。试验成功后即可将250m²或500m²的单元扩大到上万平方米的培植面积，进行工厂化培植生产。

综合近年来的大量研究，我们建立并优化了Sp-E(HPS)高产多糖的生产培植体系。主要技术要点总结如下：

图56　6m²的小试培植池

图57　25m²的中试培植池(左)和250m²的生产试验培植池(右)

（1）培植池的形状和规格与当前普遍使用的跑道式水泥循环池相同,以带有玻璃或塑料薄膜为佳(见图56、图57),这样有利于防止雨天雨水进池或晴天水分过度蒸发,将培养液中的营养成分与浓度保持在有利于多糖合成的良好状态。同时,还要配有温度计和比重计等简易测量器具,若配备微电极传感器,对温度和主要离子做自动巡回检测则更佳。

（2）Sp-E(HPS)高产多糖的优化培养液配方为:EDTA 0.08g/L、$FeSO_4 \cdot 7H_2O$ 0.01g/L、$CaCl_2 \cdot 2H_2O$ 0.04g/L、$MgSO_4 \cdot 7H_2O$ 0.1g/L、NaCl 0.8g/L、K_2SO_4 1g/L、$NaNO_3$ 0.5g/L、K_2HPO_4 0.2g/L、$NaHCO_3$ 4g/L。pH9.5～11.5为佳。培养液的K^+、SO_4^{2-}、HCO_3^-浓度,C/N,pH对Sp-E(HPS)多糖合成的影响较大,在培植过程中要及时调整。

（3）培植池水车的优化搅拌速度为使培养液流速能达到25～30m/min,

比目前一般的速度快了近1倍。优化采收时间为对数生长期的中后期,藻液在560nm处的光密度(光程＝1cm)达0.9～1.2。

（4）光照强度较大、光照时间较长、温度较低,更有利于提高Sp-E(HPS)多糖的产量。在实际生产中,这些环境因子无法受人为控制,但可根据当地的水文、气候变化规律尽可能选择有利于Sp-E(HPS)多糖高产的条件。

2　不同生产批次Sp-E(HPS)的多糖含量等成分分析

我们对自2001年以来的部分Sp-E(HPS)的多糖含量和氨基酸组成进行了分析。结果如下:

2.1　2001年Sp-E(HPS)和Sp-E的多糖含量分析

如表43所示,Sp-E的水溶性多糖和总多糖的含量分别为2.04％和5.41％,与普通螺旋藻藻种的基本一致。而在6批Sp-E(HPS)中,4批样品的总多糖含量高于15％,4批样品的水溶性多糖含量高于10％,它们各占总分析样品数的2/3。

表43　2001年Sp-E(HPS)和Sp-E的多糖含量分析

样品与批次	水溶性多糖含量/％	总多糖含量/％
Sp-E	2.04	5.41
Sp-E(HPS)第1批	13.95	19.81
Sp-E(HPS)第2批	8.36	14.34
Sp-E(HPS)第3批	12.37	19.53
Sp-E(HPS)第4批	7.72	13.53
Sp-E(HPS)第5批	13.07	18.51
Sp-E(HPS)第6批	11.83	17.28

同时,从上述结果还可看出,与Sp-E和Sp-D等螺旋藻一样,Sp-E(HPS)的多糖含量受培养条件的影响也很大,因而要对其培养条件做进一步优化。

2.2　2002年Sp-E(HPS)的多糖含量分析

在2001年的基础上,2002年,我们对Sp-E(HPS)进行了多糖含量分析

（见表44）。在7批Sp-E(HPS)中,6批样品的总多糖含量高于15％,6批样品的水溶性多糖含量高于10％,第5批即使未达到,但数值也与之非常接近。这说明经调整后的培养条件已能基本满足Sp-E(HPS)高产多糖的要求。

表44　2002年Sp-E(HPS)的多糖含量分析

样品与批次	水溶性多糖含量/%	总多糖含量/%
Sp-E(HPS)第1批	11.49	17.03
Sp-E(HPS)第2批	16.90	24.28
Sp-E(HPS)第3批	13.07	19.52
Sp-E(HPS)第4批	13.86	19.35
Sp-E(HPS)第5批	9.60	14.98
Sp-E(HPS)第6批	18.80	35.01
Sp-E(HPS)第7批	18.65	25.09

同时,Sp-E(HPS)总多糖和水溶性多糖的含量最高可达35.01％和18.80％,这对钝顶螺旋藻和极大螺旋藻来说是相当高的,在此之前,只有盐泽螺旋藻的多糖含量可达35％左右。目前人们普遍认为,钝顶螺旋藻和极大螺旋藻以高产蛋白质为主要特性,藻体的蛋白含量一般均为50％以上,这是国际上对小球藻等微藻产品的基本质量要求。但本结果显示,当钝顶螺旋藻经基因改良和生长条件优化后,其多糖含量可以大幅度提高。

2.3　2003年Sp-E(HPS)的多糖含量分析

对2003年生产的10批Sp-E(HPS)进行分析(见表45),其中9批样品的总多糖含量和水溶性多糖含量均高于15％和10％,而第6批样品的总多糖含量和水溶性多糖含量分别只有10.33％和5.71％,约为大多数批次样品的一半。第6批样品总多糖含量和水溶性多糖含量显著降低的主要原因是,在这批藻培植过程中,雨水不慎落入培植池中。采收第6批藻后,对池中的营养盐进行补充,第7批藻的总多糖含量和水溶性多糖含量又显著提高。这也显示了养分对螺旋藻高产多糖的重要性。

表45　2003年Sp-E(HPS)的多糖含量分析

样品与批次	水溶性多糖含量/%	总多糖含量/%
Sp-E(HPS)第1批	10.78	15.13
Sp-E(HPS)第2批	10.38	16.24
Sp-E(HPS)第3批	15.23	23.52
Sp-E(HPS)第4批	10.63	16.61
Sp-E(HPS)第5批	13.93	19.02
Sp-E(HPS)第6批	5.71	10.33
Sp-E(HPS)第7批	13.95	19.81
Sp-E(HPS)第8批	13.07	18.51
Sp-E(HPS)第9批	11.83	17.28
Sp-E(HPS)第10批	12.01	16.74

2.4　部分Sp-E和Sp-E(HPS)样品的氨基酸含量分析

对2001年Sp-E(水溶性多糖和总多糖的含量分别为2.04％和5.41％)、2003年第3批Sp-E(HPS)(水溶性多糖和总多糖的含量分别为15.23％和23.52％)、2002年第6批Sp-E(HPS)(水溶性多糖和总多糖的含量分别为18.80％和35.01％)的藻粉进行氨基酸组成分析。由表46可知,Sp-E与Sp-E(HPS)中各种氨基酸比例相差不大,而对应的各种氨基酸含量差别显著,且Sp-E(HPS)的多糖含量越高,氨基酸含量降幅越大。

表46　部分Sp-E和Sp-E(HPS)样品的氨基酸含量分析

类别	1号样品		2号样品		3号样品	
	氨基酸含量/(g/100g干藻粉)	氨基酸百分比/%	氨基酸含量/(g/100g干藻粉)	氨基酸百分比/%	氨基酸含量/(g/100g干藻粉)	氨基酸百分比/%
天冬氨酸	5.6829	9.97	4.4728	9.94	4.1550	10.08
苏氨酸	2.9834	5.24	2.3185	5.15	2.1086	5.12
丝氨酸	2.7128	4.76	2.1819	4.85	1.9261	4.67
谷氨酸	9.3819	16.46	7.7320	17.18	6.8784	16.69
甘氨酸	3.0275	5.31	2.3664	5.26	2.1714	5.27
丙氨酸	4.7167	8.28	3.6330	8.07	3.2001	7.77

（续表）

类别	1号样品		2号样品		3号样品	
	氨基酸含量/(g/100g干藻粉)	氨基酸百分比/%	氨基酸含量/(g/100g干藻粉)	氨基酸百分比/%	氨基酸含量/(g/100g干藻粉)	氨基酸百分比/%
胱氨酸	0.3753	0.66	0.3166	0.70	0.2691	0.65
缬氨酸	3.8723	6.80	2.9679	6.59	2.8097	6.82
甲硫氨酸	1.0759	1.89	0.8424	1.87	0.7805	1.89
异亮氨酸	3.2939	5.78	2.5678	5.70	2.3613	5.73
亮氨酸	5.1624	9.06	4.0373	8.97	3.7377	9.07
酪氨酸	2.2625	3.97	1.7886	3.97	1.6141	3092
苯丙氨酸	2.3873	4.09	1.9122	4.25	1.8224	4.42
赖氨酸	2.5013	4.39	1.9557	4.34	1.6771	4.07
氨	0.9285	1.63	0.7533	1.67	0.6918	1.68
组氨酸	0.8517	1.49	0.6774	1.51	0.6819	1.65
精氨酸	3.8691	6.79	3.0475	6.77	2.9131	7.07
脯氨酸	1.8965	3.33	1.4393	3.20	1.4128	3.43
总计	56.9819	100.00	45.0106	100.00	41.2112	100.00

注:1、2和3号样品分别为2001年Sp-E、2003年第3批Sp-E(HPS)和2002年第6批Sp-E(HPS)

　　一般认为,氨基酸的组成与生物种类有一定的关系,Sp-E与Sp-E(HPS)中各种氨基酸比例的类似性也反映了它们之间的同源性;而对应各种氨基酸含量的显著差异,又反映了它们之间的不同性。这与分子水平的鉴定结果相吻合。

3　Sp-E(HPS)藻粉的应用

3.1　Sp-E(HPS)藻粉在营养食品与医药保健品领域的应用

　　Sp-E(HPS)藻粉作为一种富含生物活性多糖的特色新产品,在抗肿瘤等方面的医药保健功效明显优于普通螺旋藻藻粉,在提升传统螺旋藻产品的医药保健功能、明确产品功能与市场定位、提高经济与社会效益等方面具有重要意义。例如,动物实验表明,Sp-E(HPS)藻粉对小鼠S180肉瘤的抑制率高达41%。查新报告显示,国内外未见有关螺旋藻藻粉有如此高的抗肿瘤活性的相关报道。实验方法与结果如下。

3.1.1 实验材料

(1)受试样品、阳性对照药物及剂量设计

钝顶螺旋藻(*Spirulina platensis*)干粉由浙江大学生物资源与分子工程实验室提供,为深蓝绿色粉末。环磷酰胺粉针剂由上海华联制药公司生产(200mg/瓶)。使用时两者各以灭菌蒸馏水配成所需的浓度,灌胃给药量为0.1ml/10g体重。剂量设计如下:共设5组,1个空白对照组(蒸馏水)、1个阳性对照组(环磷酰胺)、3个受试物剂量组。螺旋藻藻粉高、中、低3个剂量依次为1.400、0.750、0.375g/kg体重,相当于人体推荐摄入量的20倍、10倍和5倍;环磷酰胺剂量为20mg/kg体重。

(2)实验动物

清洁级雄性昆明种小鼠由浙江大学实验动物中心提供。

(3)实验瘤源

小鼠S180肉瘤株由浙江大学生命科学学院提供,瘤株按常规传代保种。

3.1.2 实验方法与结果

昆明种雄性小鼠50只,体重(20±2)g,随机分成5组,每组10只,设为1个空白对照组、1个阳性对照组(环磷酰胺,20mg/kg体重,接种后开始灌胃给予,连续7d)、3个受试物剂量组(高、中、低剂量)。受试物经口给予,连续30d。第21天时,取接种S180肉瘤株后8d左右、肿瘤生长旺盛、无溃破且健康状况良好的荷瘤小鼠,颈椎脱臼,固定于板上,用酒精消毒操作部位皮肤,在无菌条件下切开皮肤,选择生长良好、无坏死或液化的肿瘤,剪成小块并用组织匀浆器研磨均匀后,用无菌生理盐水稀释成1:3的瘤细胞悬液,置于冰浴中。用空针抽吸混匀的瘤细胞悬液,于每只小鼠的右前肢腋窝皮下接种0.2ml,上述操作全过程在30min内完成。末次给受试物后24h时,处死小鼠,先称体重,后剥离肉瘤并称重,计算抑瘤率。进行2次重复实验,结果见表47。

表47　Sp-E(HPS)藻粉对小鼠S180肉瘤的抑制作用

次数	组别	起始鼠数/只	终止鼠数/只	瘤重/g	抑瘤率/%
第1次	空白对照组	10	10	2.69±0.78	-
	阳性对照组	10	10	0.35±0.17*	86.99
	Sp-E(HPS)藻粉高剂量组	10	10	1.49±0.32*	44.61
	Sp-E(HPS)藻粉中剂量组	10	10	1.66±0.36*	38.29
	Sp-E(HPS)藻粉低剂量组	10	10	1.71±0.22*	36.43
第2次	空白对照组	10	10	2.77±0.51	-
	阳性对照组	10	10	0.62±0.37*	77.62
	Sp-E(HPS)藻粉高剂量组	10	10	1.61±0.29*	41.88
	Sp-E(HPS)藻粉中剂量组	10	10	1.87±0.52*	32.49
	Sp-E(HPS)藻粉低剂量组	10	10	1.84±0.64*	33.57

注:*表示与空白对照组相比,$P<0.05$

由表47可见,高、中、低剂量组与空白对照组相比,两次实验的抑瘤率均高于30%,其中,高剂量组的在40%以上。

3.2　螺旋藻硒多糖Se-SPS的抗肿瘤作用

3.2.1　实验材料

（1）受试样品

依据第15章的方法从高产多糖富硒Sp-E(HPS)藻粉中制得的硒多糖Se-SPS为无色粉末。实验前用由超纯水配制的生理盐水制成浓度分别为4、2、1mg/ml的3种溶液,高压蒸汽消毒后制成静脉注射用针剂。

（2）实验动物

清洁级雄性昆明种小鼠由浙江大学实验动物中心提供。

（3）实验瘤源

小鼠S180肉瘤株由浙江大学生命科学学院提供,按常规传代保种。

3.2.2　实验方法与结果

昆明种雄性小鼠50只,体重(20±2)g。取接种S180肉瘤株后8d左右、肿瘤生长旺盛、无溃破且健康状况良好的荷瘤小鼠,在无菌条件下切开皮肤,选择生长良好、无坏死或液化的肿瘤,剪成小块并用组织匀浆器研磨均匀后,用无菌生理盐水稀释成1:3的瘤细胞悬液,置于冰浴中。用空针抽吸混匀的瘤细胞悬液,于每只小鼠的右前肢腋窝皮下接种0.2ml,上述操作全过程在30min内完成。接种完24h后称重,并将50只小鼠随机分成5组,每组10只,分别设为空白对照组(给药生理盐水)、阳性对照组(给药环磷酰胺20mg/kg体重)、3个受试物剂量组(高、中、低剂量,分别给药Se-SPS 40、20、10mg/kg体重),每鼠每次的注射体积均为0.2ml(相当于0.1ml/10g体重),连续给药10d。末次给药后24h时,将小鼠脱颈椎处死,剥离肉瘤后称重,并计算抑瘤率。做2次重复实验,结果见表48。

表48 螺旋藻硒多糖Se-SPS对小鼠S180肉瘤的抑制作用

次数	组别	起始鼠数/只	终止鼠数/只	瘤重/g	抑瘤率/%
第1次	空白对照组	10	10	2.59±0.62	—
	阳性对照组	10	10	0.64±0.36*	75.29
	Se-SPS高剂量组	10	10	0.82±0.41*	68.34
	Se-SPS中剂量组	10	10	1.35±0.25*	47.88
	Se-SPS低剂量组	10	10	1.54±0.32*	40.54
第2次	空白对照组	10	10	2.46±0.43	—
	阳性对照组	10	10	0.41±0.27*	83.33
	Se-SPS高剂量组	10	10	0.71±0.34*	71.14
	Se-SPS中剂量组	10	10	1.43±0.42*	41.87
	Se-SPS低剂量组	10	10	1.37±0.21*	44.31

注:*表示与空白对照组相比,$P < 0.05$

由表48可见,荷瘤小鼠连续注射剂量分别为40、20、10mg/kg体重的Se-SPS 10d,对小鼠S180肉瘤均有显著的抑制作用($P < 0.05$),高、中、低3个剂量组的抑瘤率均>40%,高剂量组的抑瘤率>68%。

3.3 Sp-E(HPS)藻粉在水产与畜禽养殖业中的应用

我们已成功地将高多糖含量的Sp-E(HPS)藻粉应用于虾、蟹、鳗、观赏鱼等水产,以及奶牛、仔猪、鸡等畜禽养殖业。实践发现,这么做具有促进生长发育、提高存活率、增加食欲、增强抗病力、改善体色、改善肉质与风味、极大减少有害于人体健康的抗生素等药物用量等功效,从总体上降低成本,并提高产品的价值,取得了显著的经济与社会效益(见图58)。

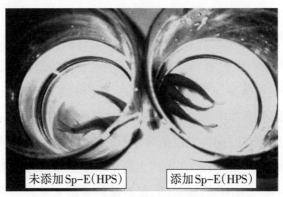

未添加Sp-E(HPS)　　　添加Sp-E(HPS)

图58　Sp-E(HPS)对鱼类的增色效果

第20章　高产多糖螺旋藻温度配套型品系的选育与开发利用

　　我们在生产培植中发现,利用核辐射诱变、相关生物技术育成(见第13章)并实现产业化应用(见第19章)的高产多糖钝顶螺旋藻新品系Sp-E(HPS),在24～32℃时生长速率与多糖含量都较高,藻粉的生产成本与普通藻粉的相当,且总多糖和水溶性多糖含量分别高于15%和10%;而在此温度范围之外,多糖产量(即单位时间内单位培养体积的藻粉的生物量×多糖含量)就会明显下降。因此,Sp-E(HPS)在生产上属中温适应型品系,为明确其适温特性将之标为Sp-E(HPSM)。这说明,螺旋藻的多糖含量和生长速率,不仅与分子遗传背景有关,而且受温度,光照强度,以及培养液的pH、营养离子及浓度等多种外界因素的影响,即"表型＝基因型＋环境型",在优化Sp-E(HPSM)的培养模式时至少应兼顾生长速率和多糖含量这两个指标。理想的螺旋藻培养装置为光、温等因子可自动调控的管道式或平板式的光生物反应器,但这种装置目前尚处于研制阶段,迄今国内外均未能将之用于螺旋藻商业化培养生产。根据螺旋藻光合自养、在盐碱条件下一般不易受其他生物污染等特殊性,国内外一直采用跑道式培植池这种简易、经济且有效的培养装置进行螺旋藻的工厂化生产。而在这种简易的跑道式生产系统中,温度是难以受人为调控的、影响螺旋藻生长速率和多糖含量的主要因子,但只有一段时间的温度适合Sp-E(HPSM)的良好生产。

　　为延长高产多糖螺旋藻粉的生产时间,提高生产设备的利用率,降低综合生产成本,我们进一步利用所建成的螺旋藻育种技术体系,分别育成了能在较低温度(15～23℃)和较高温度(33～40℃)下良好生长、高产多糖的钝顶螺旋藻新品系,分别称之为低温适应型品系Sp-B(HPSL)和高温适应型品系

Sp-S(HPSH)。工厂化培植试验表明,Sp-B(HPSL)和Sp-S(HPSH)藻粉在相应温度范围内的生产成本与普通藻粉的相当。检测结果表明,它们的总多糖和水溶性多糖含量分别达到15%和10%以上。采用高、中、低温度适应型品系配套后,高产多糖藻粉的单位面积年产量比原来用单一中温适应型品系时约提高了40%,综合生产成本与普通藻粉的相当。同时,已将高产多糖螺旋藻粉(Sp-HPS)及其产品应用于生物医药保健和水产养殖等领域,取得了显著的经济与社会效益。此外,已从Sp-HPS中制得一种对荷瘤小鼠的抑瘤率高达71%的ATSPS,并制得其高纯度的标准品(ATSPS-std),为进一步研发中药抗肿瘤新药注射剂等高端产品奠定了基础。

1 高产多糖螺旋藻规模化生产的工艺技术体系与管理规范

1.1 高产多糖螺旋藻突变体的筛选技术及高、中、低温适应型新品系的选育

针对利用核辐射诱变、相关生物技术育成(见第13章)并实现产业化应用(见第19章)的高产多糖钝顶螺旋藻新品系Sp-E(HPS)仅在24～32℃时生长速率与多糖含量都较高,而在此温度范围之外,多糖产量即明显下降的问题,我们应用先前所建的螺旋藻高产多糖新品系诱变育种技术体系,相继育成了能在较低温度(15～23℃)和较高温度(33～40℃)下良好生长、高产多糖的钝顶螺旋藻新品系,分别称之为低温适应型品系Sp-B(HPSL)和高温适应型品系Sp-S(HPSH)。培植试验与检测结果表明,Sp-B(HPSL)和Sp-S(HPSH)藻粉在相应温度范围内的生产成本与普通藻粉相当,且它们的总多糖和水溶性多糖含量也分别达到15%和10%以上。图59为Sp-B(HPSL)、Sp-S(HPSH)、Sp-E(HPSM)的光学显微照片。

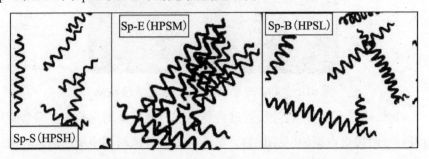

图59　温度适应型高产多糖钝顶螺旋藻新品系(100×)

1.2 高、中、低温适应型新品系配套及代谢调控技术的生产工艺路线

螺旋藻多糖作为一种次生代谢物质,其合成与累积由多基因调控,含量属数量性状,且受温度和营养条件等多种外界因素的影响,即"表型=基因型+环境型"。我们针对目前所用的半封闭跑道式培养系统中温度难以受人为调控这一突出问题,通过基因改良技术选育不同温度适应型的高产多糖钝顶螺旋藻新品系,并根据培养过程中季节与气温变化进行配套培养生产(见图60、图61)。

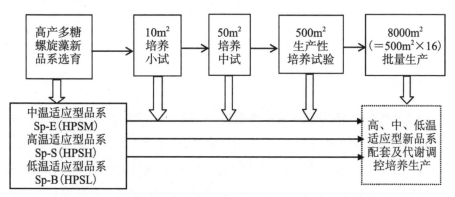

图60 3株温度适应型新品系培养试验的基本过程与方案

注:高、中、低温适应型新品系的适应温度分别为33~40、24~32、15~23℃;8000m² 的批量生产由16个500m²的培植池组成

图61 500m²的覆膜跑道形螺旋藻培植池

同时,研制了两种培养液,通过营养因子对螺旋藻的生长和多糖合成代谢进行分阶段重点调控(见图62)。第一阶段生产池培养中所用的培养液Ⅰ

的营养较全面、丰富,有利于高产多糖螺旋藻新品系生物量的快速增长;第二阶段生产池培养中所用的培养液 II 中,有利于蛋白质合成的氮源等营养因子相对缺乏,而有利于多糖合成与累积的 K^+、SO_4^{2-} 等相对丰富,使藻体向着多糖合成的代谢途径转化,以进一步提高多糖含量。可见,我们是根据当前螺旋藻工厂化培植的实际情况,以基因改良为重点和突破口,兼顾主要环境和营养因子的调控与优化,实现高产多糖螺旋藻的低成本、高产、优质生产。

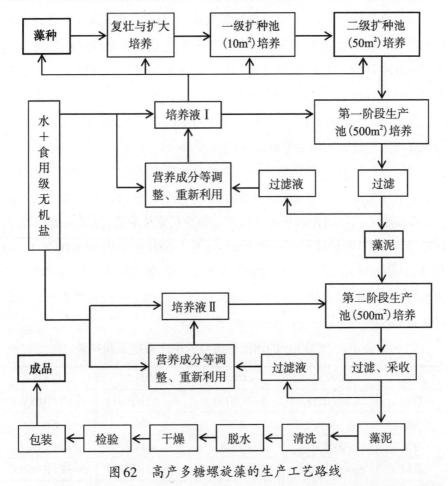

图62 高产多糖螺旋藻的生产工艺路线

我们先完成高温适应型高产多糖新品系 Sp-S(HPSH) 和低温适应型高产多糖新品系 Sp-B(HPSL) 的培植小试,进而做培养中试与生产性试验。试验成功后,根据气温变化,选择高、中、低温适应型品系,进行配套培养,并利用代谢调控等技术实现高产多糖螺旋藻的高产、优质、低成本生产。具体工艺路线见图60～图62。

实验研究与生产实践表明,高产多糖螺旋藻的培植池的形状和规格可与当前普通藻种普遍使用的跑道式水泥池相同,以带有玻璃或塑料薄膜为佳,这有利于防止雨天雨水进池或晴天水分过度蒸发,令培养液中的营养成分与浓度保持在有利于多糖合成的良好条件下。同时,还要配有温度计和比重计等简易测量器具,配有微电极传感器,对温度和主要离子能自动巡回检测的则更佳。培植池水车的优化搅拌速度为使培养液流速能达到25～30m/min,比目前一般的速度快近1倍。优化采收时间为对数生长的中后期,藻液在560nm处的光密度(光程＝1cm)达0.9～1.2。根据上述技术要点,我们对用于普通藻种生产的培植池进行了改进与扩建,并添置了高产多糖螺旋藻生产所需的相应设备。

我们在6个500m²的培植池中做高产多糖螺旋藻的年产量生产性试验,根据季节与气候的不同,配备不同温度适应型的藻种。6个培植池中每月高产多糖藻粉的产量如表49所示。因螺旋藻生长繁殖的适宜温度一般不低于15℃,因而每年的培植时间一般在4—11月。2007年11月及2008年4—10月,3000m²(6个500m²)的培植池中共生产高产多糖螺旋藻干粉(总多糖含量和水溶性多糖含量分别达到15%和10%以上)4213kg,平均每平方米每天的产量为5.85g。

表49　3000m²的培植池每月的高产多糖藻粉产量

时间	2007.11	2008.4	2008.5	2008.6
类别	Sp-B(HPSL)	Sp-B(HPSL)	Sp-E(HPSM)	Sp-E(HPSM)
产量/kg	484	475	529	526
时间	2008.7	2008.8	2008.9	2008.10
类别	Sp-S(HPSH)	Sp-S(HPSH)	Sp-E(HPSM)	Sp-E(HPSM)
产量/kg	543	561	558	537

所生产的高产多糖螺旋藻干粉经浙江省质量技术监督局浙江方圆检测集团股份有限公司检测,结果表明(见表50、表51),高、中、低温适应型高产

多糖新品系的总多糖含量和水溶性多糖含量分别为20.3％～32.2％和18.8％～31.9％；重金属、有害微生物、水分、灰分等限量指标均符合国家对食品级螺旋藻粉的要求。

表50　高、中、低温适应型高产多糖新品系的多糖含量

类别	Sp-S(HPSH)	Sp-E(HPSM)	Sp-B(HPSL)
总多糖含量/%	32.2	20.3	30.1
水溶性多糖含量/%	31.9	18.8	28.2

表51　重金属、有害微生物、水分、灰分等限量指标

检测项目	行业标准	检测结果
水分含量/%	≤7	2.9
灰分含量/%	≤7	5.6
重金属含量 /ppm	铅≤1.0 砷≤0.5 镉≤0.5	铅＝0.52 砷＝0.33 镉＝0.01
细菌总数/(个/g)	≤10000	＜10
大肠杆菌数/(个/100g)	≤30	＜30
致病菌(指肠道病菌和致病性球菌)	不得检出	未检出

实践表明，我们采用创建的高、中、低温适应型高产多糖螺旋藻新品系，以及根据气候变化配以适当的品系，并使用两种培养液，通过营养因子对螺旋藻的生长和多糖合成代谢进行分阶段重点调控的生产技术体系，藻粉的生产成本与普通藻种相当，而总多糖和水溶性多糖含量分别达到15％和10％以上，至少比普通藻种提高1倍。可见，通过"种子工程"这一源头技术创新，可从资源上有效解决螺旋藻多糖产业化的瓶颈问题。

2　钝顶螺旋藻高产多糖新的分子遗传标记

据前期对高产多糖钝顶螺旋藻高温适应型品系Sp-S(HPSH)及其亲本Sp-S、中温适应型品系Sp-E(HPSM)及其亲本Sp-E、低温适应型品系Sp-B(HPSL)及其亲本Sp-B的RAPD研究结果，设计了相应的SCAR(序列特异性扩增区)标记特定引物对 B1F 5'－GAGCCCTCCATAACAACTATAGAT－3' 和 B1R 5'－

AAGACAAGAGTACGCTTGTAAGGTGGAGG-3'。采用 25μl 的 PCR 反应体系,其中,10×PCR 缓冲液 2.5μl、4 种 dNTP 各 1μmol/L、SCAR 特定引物 B1F 和 B1R 各 0.5μmol/L、*Taq* DNA 聚合酶 1.25U、螺旋藻基因组 DNA 100ng;PCR 反应程序为 94℃ 5min、94℃ 30s、52℃ 45s、72℃ 1min,31 个循环,最后 72℃ 延伸 10min。

将扩增产物点到 1.2% 的琼脂糖凝胶上电泳,电压为 4V/cm。电泳完毕后用 EB 染色约 30min,进而用 VersaDoc 3000 凝胶成像系统(美国)进行观察并照相,所得结果如图 63 所示。由图 63 可知,3 株高产多糖钝顶螺旋藻新品系与其亲本相比,900bp 处的 DNA 带(V1)的扩增效率显著提高,同时低温适应型品系 Sp-B(HPSL)在 700bp 处还有 1 条明显的差异 DNA 带(V2)。

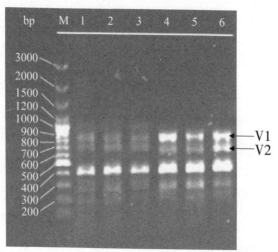

M:DNA 标准样品;1~6 依次为 Sp-S、Sp-E、Sp-B、Sp-S(HPSH)、Sp-E(HPSM)、Sp-B(HPSL)

图 63　6 株螺旋藻品系基于 SCAR 引物对 B1F/B1R 扩增条带的电泳图

对图 63 中 900bp 处的差异 DNA 带(V1)进行回收、克隆及测序分析,部分 DNA 序列及其对应的氨基酸序列如图 64 所示。利用 DNAMAN 软件进行 V1 生物信息学分析,结果表明,V1 的第 510~1007 位为 1 个正向的 ORF,对应 166 个氨基酸。将此 ORF 的氨基酸序列在 www.ncbi.nlm.nih.gov 网站做在线 BlastP 分析,结果显示,它与硫酸酯酶家族中的 AtsG 具有较高的同源性。

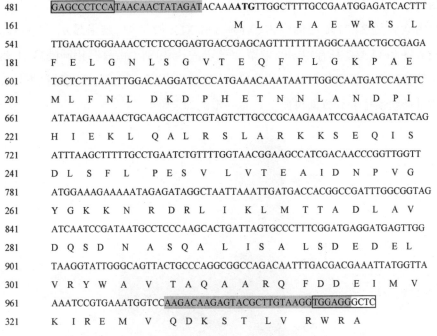

```
481  GAGCCCTCCA TAACAACTATAGAT ACAAAATGTTGGCTTTTGCCGAATGGAGATCACTTT
161                                  M  L  A  F  A  E  W  R  S  L
541  TTGAACTGGGAAACCTCTCCGGAGTGACCGAGCAGTTTTTTTTAGGCAAACCTGCCGAGA
181  F  E  L  G  N  L  S  G  V  T  E  Q  F  F  L  G  K  P  A  E
601  TGCTCTTTAATTTGGACAAGGATCCCCATGAAACAAATAATTTGGCCAATGATCCAATTC
201  M  L  F  N  L  D  K  D  P  H  E  T  N  N  L  A  N  D  P  I
661  ATATAGAAAAACTGCAAGCACTTCGTAGTCTTGCCCGCAAGAAATCCGAACAGATATCAG
221  H  I  E  K  L  Q  A  L  R  S  L  A  R  K  K  S  E  Q  I  S
721  ATTTAAGCTTTTTGCCTGAATCTGTTTTGGTAACGGAAGCCATCGACAACCCGGTTGGTT
241  D  L  S  F  L  P  E  S  V  L  V  T  E  A  I  D  N  P  V  G
781  ATGGAAAGAAAAATAGAGATAGGCTAATTAAATTGATGACCACGGCCGATTTGGCGGTAG
261  Y  G  K  K  N  R  D  R  L  I  K  L  M  T  T  A  D  L  A  V
841  ATCAATCCGATAATGCCTCCCAAGCACTGATTAGTGCCCTTTCGGATGAGGATGAGTTGG
281  D  Q  S  D  N  A  S  Q  A  L  I  S  A  L  S  D  E  D  E  L
901  TAAGGTATTGGGCAGTTACTGCCCAGGCGGCCAGACAATTTGACGACGAAATTATGGTTA
301  V  R  Y  W  A  V  T  A  Q  A  A  R  Q  F  D  D  E  I  M  V
961  AAATCCGTGAAATGGTCC AAGACAAGAGTACGCTTGTAAGG TGGAGGGCTC
321  K  I  R  E  M  V  Q  D  K  S  T  L  V  R  W  R  A
```

图64 差异DNA部分序列及其氨基酸序列

AtsG等硫酸酯酶能催化硫酸酯(或氮-硫酸盐)水解反应,生成乙醇(或乙醇胺)和游离硫酸盐;而磺基转移酶的催化作用则与硫酸酯酶的相反。在生物体内的硫酸化修饰反应即由这两种酶相互调节而达到相对平衡。硫酸基团是一类具有重要生物活性的基团。许多硫酸化分子常担负着细胞间物质转运或相互调节的重要功能。多糖等生物分子被硫酸酯化或去硫酸化,都会导致其结构与功能发生根本性的变化。揭示高产多糖螺旋藻与其亲本在硫酸酯酶家族扩增效率方面的差异,对阐明螺旋藻高产多糖机制及指导生产实践等具有重要意义,值得进一步深入研究。

值得进一步探讨的是,一般来说,理化因子诱变对生物学的遗传效应是随机、不定向的,但上述3株通过理化因子诱变而得到的高产多糖钝顶螺旋藻新品系为何具有相同的SCAR分子标记? 郭涛等[286]曾报道,对直链淀粉含量为25.31%的籼粘稻品种籼小占进行空间诱变,获得了2个低直链淀粉含量籼稻突变体XLA-1和XLA-2,它们的直链淀粉含量依次为14.42%和11.59%。

利用微卫星引物484/485对荆香糯（直链淀粉含量为3.22％）、华航一号（直链淀粉含量为24.77％）、籼小占、XLA-1和XLA-2扩增,结果显示,荆香糯、XLA-1和XLA-2具有相同的带型,而华航一号和籼小占具有相同的带型,这两种带型存在扩增片段长度的差异（见图65）。这启示我们,诱变随机事件在数量性状遗传变异方面可能又具有一定的确定性。

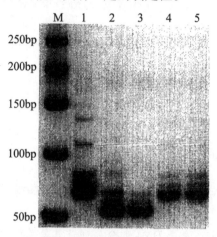

M:标准样品;1:荆香糯;2:华航一号;3:籼小占;4:XLA-1;5:XLA-2

图65　微卫星引物484/485的多态性表现[286]

3　高产多糖钝顶螺旋藻粉SPHPS的抗肿瘤活性研究

对高产多糖钝顶螺旋藻粉SPHPS和普通钝顶螺旋藻粉SP的抗肿瘤活性进行比较研究。实验中以灭菌蒸馏水配成所需的浓度,灌胃给予量为0.1ml/10g体重。共设了8个实验组,即1个空白对照组（蒸馏水）、1个阳性对照组（环磷酰胺）、6个受试物剂量组。进行二次重复。高产多糖钝顶螺旋藻粉SPHPS和普通钝顶螺旋藻粉SP各设高、中、低3个剂量,分别为1.400、0.750、0.375g/kg体重,相当于人体推荐摄入量的20倍、10倍和5倍;环磷酰胺剂量为20mg/kg体重。结果显示,高产多糖钝顶螺旋藻粉SPHPS 3个剂量组与空白对照组相比,两次实验的抑瘤率均高于30％,其中,高剂量组的在40％以上;同时,在相同剂量下,高产多糖钝顶螺旋藻粉SPHPS的抑瘤率均比普通钝顶螺旋藻粉SP的高约10％。这提示高产多糖钝顶螺旋藻粉SPHPS和普通钝顶螺旋藻粉

SP均具有辅助抑制肿瘤的功能,而高产多糖钝顶螺旋藻粉SPHPS的功效更为显著。

3.1 实验材料

3.1.1 受试样品、阳性对照药物及剂量设计

钝顶螺旋藻(*Spirulina platensis*)粉SPHPS和SP由杭州健港生物科技有限公司生产,为深蓝绿色粉末。环磷酰胺粉针剂由上海华联制药公司生产(200mg/瓶)。使用时两者各以灭菌蒸馏水配成所需的浓度,灌胃给药量为0.1ml/10g体重。剂量设计如下:共设8组,1个空白对照组(蒸馏水)、1个阳性对照组(环磷酰胺)、6个受试物剂量组。高产多糖钝顶螺旋藻粉SPHPS和普通钝顶螺旋藻粉SP各设高、中、低3个剂量,分别为1.400、0.750、0.375g/kg体重,相当于人体推荐摄入量的20倍、10倍和5倍;环磷酰胺剂量为20mg/kg体重。

3.1.2 实验动物

清洁级雄性昆明种小鼠由浙江大学实验动物中心提供。

3.1.3 实验瘤源

小鼠S180肉瘤株由浙江大学生命科学学院提供,按常规传代保种。

3.2 实验方法与结果

昆明种雄性小鼠80只,体重(20±2)g,随机分成8组,每组10只,分别设1个空白对照组、1个阳性对照组(环磷酰胺,20mg/kg体重,接种后开始灌胃给予,连续7d)、6个受试物剂量组(高、中、低剂量)。受试物经口给予,连续30d。第21天时,取接种S180肉瘤株后8d左右、肿瘤生长旺盛、无溃破且健康状况良好的荷瘤小鼠,颈椎脱臼,固定于板上,用酒精消毒操作部位皮肤,在无菌条件下切开皮肤,选择生长良好、无坏死或液化的肿瘤,剪成小块并用组织匀浆器研磨均匀后,用无菌生理盐水稀释成1:3的瘤细胞悬液,置于冰浴中。用空针抽吸混匀的瘤细胞悬液,于每只小鼠的右前肢腋窝皮下接种0.2ml,上述操作全过程在30min内完成。末次给受试物后24h时,处死小鼠,先称体重,后剥离肉瘤并称重,计算抑瘤率。进行2次重复实验,结果见表52。

表52　螺旋藻粉对小鼠S180肉瘤的抑制作用

次数	组别	起始鼠数/只	终止鼠数/只	瘤重/g	抑瘤率/%
第1次	空白对照组	10	10	2.72±0.66	
	阳性对照组	10	10	0.57±0.28*	79.04
	SPHPS高剂量组	10	10	1.53±0.34*	43.75
	SPHPS中剂量组	10	10	1.68±0.27*	38.24
	SPHPS低剂量组	10	10	1.78±0.33*	34.56
	SP高剂量组	10	10	1.84±0.41*	32.35
	SP中剂量组	10	10	1.97±0.15*	27.57
	SP低剂量组	10	10	2.11±0.26*	22.43
第2次	空白对照组	10	10	2.66±0.38	
	阳性对照组	10	10	0.64±0.31*	75.94
	SPHPS高剂量组	10	10	1.55±0.23*	41.73
	SPHPS中剂量组	10	10	1.77±035*	33.46
	SPHPS低剂量组	10	10	1.85±0.52*	30.45
	SP高剂量组	10	10	1.87±0.24*	29.70
	SP中剂量组	10	10	2.01±0.32*	24.44
	SP低剂量组	10	10	2.09±0.35*	21.43

注:*表示与空白对照组相比,$P<0.05$

由表52可见,高产多糖钝顶螺旋藻粉SPHPS高、中、低剂量组与空白对照组相比,2次实验的抑瘤率均高于30%,其中,高剂量组的在40%以上;同时,在相同剂量下,高产多糖钝顶螺旋藻粉SPHPS的抑瘤率均比普通钝顶螺旋藻粉SP的高约10%。

参 考 文 献

［1］CIFFERI O. *Spirulina*, the edible microorganism. Microbiol Rev, 1983, 47(4): 551-578.

［2］胡鸿钧. 国外螺旋藻生物技术的现状及发展趋势. 武汉植物学研究, 1997, 15(4): 360-374.

［3］TURPIN P J F. *Spirulina oscillarioide*. In Dictionnaire des sciences naturelles, De Levrault, Paris, 1827, 50: 309-310.

［4］STIZENBERGER E. *Spirulina* und *Arthrospira* (nov. gen.). Hedwigia, 1852, 1: 32-34.

［5］GOMONT M. Monographie des oscillaries. Ann Sci Nat Bot Ser, 1892, 7(16): 91-264.

［6］GEITLER L. Cyanophyceae// KOLKWITZ R L. Rabenhorst's Kryptogamen- Flora von Deutschland, Osterreich und der Schweiz, Akademische Verlag, Leipzig. 1932, 14: 916-931.

［7］HIDENORI S. Mass production of *Spirulina*, an edible microalga. Hydrobiologia, 2004, 512: 39-44.

［8］茅云翔, 杨官品, 张宝红, 等. 16S rRNA 基因与 16S-23S rRNA 转录单元内间隔区序列分析及其在节旋藻和螺旋藻分类鉴定中的应用. 高技术通讯, 2001, 8(6): 12-18.

［9］NELISSEN B, WILMOTTE A, NEEFS J M, et al. Phylogenetic relationships among filamentous helical cyanobacteria. System Appl Microbiol, 1994, 17: 206-210.

［10］WHITTON A, POTTS M. The Ecology of Cyanobacteria. Amsterdam: Kluwer Academic Publishers, 2000: 505-522.

［11］李敏. 螺旋藻不同组分对小鼠脾细胞分泌的促进作用. 中国海洋药物, 2001, 3(81): 36-39.

［12］汪志平. 螺旋藻形态建成的分子机制及转座子调控模型. 杭州: 浙江大学, 2000.

［13］汪志平. 蛋白质 SDS-PAGE 用于螺旋藻分类及突变体鉴定的研究. 浙江大学学报(农业与生命科学版), 2000, 26(6): 583-587.

［14］VAN EYKELENBURG C. On the morphology and ultrastructure of the cell wall of *Spirulina platensis* Antonie van Leeuwenhoek. J Microbiol Serol, 1977, 43: 89-99.

［15］吴开国. 螺旋藻——保健食品新资源和开发应用. 海口: 南海出版公司, 1998.

［16］MÜHLING M, SOMERFIELD P J, HARRIS N, et al. Phenotypic analysis of *Arthrospira* (*Spirulina*) strains (cyanobacteria). Phycologia, 2006, 45(2): 148−157.

［17］JEEJI BAI N, SESHADRI C V. On coiling and uncoiling of trichomes in the genus *Spirulina*. Arch Hydrobiol 60(Suppl), Algological Studies, 1980, 26: 32−47.

［18］AVIGAD V. Strain selection of *Spirulina* suitable for mass production. Hydrobiologia, 1987, 151(1): 75−77.

［19］WANG Z P, ZHAO Y. Morphological reversion of *Spirulina* (*Arthrospira*) *platensis* (Cyanophyta): from linear to helical. J Phycol, 2005, 41(3): 622−628.

［20］MÜHLING M, HARRIS N, BELAY A, et al. Reversal of helix orientation in the cyanobacterium *Arthrospira*. J Phycol, 2003, 39: 360−367.

［21］张学成, 谭桂英, 何丽容, 等. 甲基磺乙酯对螺旋藻的诱变作用. 海洋学报, 1990, 12(4): 517−522.

［22］崔海瑞, 汪志平, 徐步进. 甲基磺酸乙酯对钝顶螺旋藻生长和形态的影响. 浙江农业大学学报, 1997, 23(4): 645−648.

［23］胡天赐, 杨世杰, 毛炎麟. γ射线对钝顶螺旋藻的生物学效应. 核农学报, 1990, 4(2): 120−124.

［24］汪志平, 陈声明, 贾小明, 等. 环境因子和γ射线对钝顶螺旋藻形态和生长的影响. 浙江农业大学学报, 1997, 23(1): 36−40.

［25］汪志平, 徐步进, 赵小俊, 等. γ射线对不同品系和形态螺旋藻丝状体的生物学效应. 浙江农业大学学报, 1998, 24(2): 111−116.

［26］周光正. 螺旋藻的物理−化学因素和营养物对其生长的影响. 海洋科学, 1994, 6: 32−34.

［27］陈必链, 王明兹, 庄惠如, 等. 半导体激光对钝顶螺旋藻形态和生长的影响. 光子学报, 2000, 29(5): 411−414.

［28］陈峰, 姜悦. 微藻生物技术. 北京: 中国轻工业出版社, 1999.

［29］COHEN Z, MARGHERI M C, TOMASELLI L. Chemotaxonomy of cyanobacteria. Phytochemistry, 1995, 40(4): 1155−1158.

［30］ROMANO I, BELLITTI M R, NICOLAUS B, et al. Lipid profile: a useful chemotaxonomic marker for classification of a new cyanobacterium in *Spirulina* genus. Phytochemistry, 2000, 54(3): 289−294.

［31］BALLOT A, DADHEECH P K, KRIENITZ L. Phylogenetic relationship of *Arthrospira*, *Phormidium*, and *Spirulina* strains from Kenyan and Indian waterbodies. Algological

Studies, 2004, 113: 37-56.

[32] GEORGE E F, JEFFREY D W, JURTSHUK J R. How close is close: 16S rRNA sequence identity may not be sufficient to guarantee species identity. Int J Syst Bacteriol, 1992, 42: 166-170.

[33] BITTENCOURT-OLIVIERA M C, OLIVIERA M C, BOLCH C J S. Genetic variability of Brazilian strains of the Microcystis aeruginosa complex (Cyanobacteria/Cyanophyceae) using the phycocyanin intergenic spacer and flanking regions (cpcBA). J Phycol, 2001, 37: 810-818.

[34] SCHELDEMAN P, BAURAIN D, BOUHY R, et al. Arthrospira ("Spirulina") strains from four continents are resolved into only two clusters, based on amplified ribosomal DNA restriction analysis of the internally transcribed spacer. FEMS Microbiol Letters, 1999, 172: 213-222.

[35] BAURAIN D, RENQUIN L, GRUBISIC S, et al. Remarkable conservation of internally transcribed spacer sequences of Arthrospira ("Spirulina") (Cyanophyceae, Cyanobacteria) strains from four continents and of recent and 30-year-old dried samples from Africa. J Phycol, 2002, 38: 384-393.

[36] 李晋楠, 汪志平. RAPD 分子标记技术用于螺旋藻(Spirulina)分类的研究. 海洋与湖沼, 2002, 33 (2): 203-208.

[37] 杨灵勇, 汪志平, 曹学成, 等. cpcHID 操纵子序列用于钝顶节旋藻品系分类与鉴定的研究. 微生物学报, 2006, 46(6): 1003-1006.

[38] ZHOU H N, XIE Y G, WANG Z P, et al. Evaluation of Arthrospira (Spirulina) platensis production trait using cpchid operon. Pak J Bot, 2013, 45(2): 687-694.

[39] LEONARD J, COMPERE P. Spirulina platensis Geitler, algue bleue de grande valeur alimentaire par sa richesse en proteins. Bull Jard Bot Nat Belg, 1967, 37: 1.

[40] 彭白露, 钱凯先. 盐泽螺旋藻变种 Fe-SOD 的分离纯化及分子特征. 浙江大学学报, 1993, 27(3): 348-353.

[41] MOSULISHVILI L M, KIRKESALI E I, BELOKOBYLSKY A I, et al. Experimental sub stantiation of the possibility of developing selenium - and iodine-containing pharmaceuticals based on blue-green algae Spirulina platensis. J Pharml Biomedl Anal, 2002, 30: 87-97.

[42] LEHTO K M, LEHTO H J, KANERVO E A. Suitability of different photosynthetic organisms for an extraterrestrial biological life support system. Res Microbiol, 2006, 157: 69-76.

[43] CIFERRI O, TIBONI O. The biochemistry and industrial potential of *Spirulina*. Ann Rev Microbiol, 1985, 39: 503–526.

[44] BELAY A, OTA Y, MIYAKAWA K, et al. Current knowledge on potential health benefits of *Spirulina*. J Appl Phycol, 1993, 5: 235–241.

[45] PULZ O, GROSS W. Valuable products from biotechnology of microalgae. Appl Microbiol Biotechnol, 2004, 65: 635–648.

[46] LI D M, QI Y Z. *Spirulina* industry in China: present status and future prospects. J Appl Phycol, 1997, 9: 25–28.

[47] 张晓. 我国螺旋藻研究开发现状和展望. 中国医药情报, 1999, 5(4): 227–243.

[48] 唐理舟. 螺旋藻在水产饲料中的应用. 中国饲料, 1999, 12: 23–24.

[49] 何英俊, 汪志平. 螺旋藻在畜禽养殖业中的综合利用. 江苏农业科学, 2004(增刊): 210–211.

[50] 何英俊, 汪志平, 严晗光. 复方螺旋藻提取物对金华猪生产性能和胴体品质的影响. 中国畜牧杂志, 2006, 42(7): 36–38.

[51] 李志勇, 郭祀远. 功能性螺旋藻保健品的研制与开发. 粮食与饲料工业, 1997, 10: 37–39.

[52] 李乐农, 张季平. 富硒螺旋藻中含硒藻蓝蛋白的纯化, 结晶及初步晶体学研究. 中国科学(C辑), 2000, 30(5): 449–455.

[53] 汪志平, 吴刚, 吴美文, 等. 牛粪培养超长钝顶螺旋藻[Sp-Z(E.L)]的初步研究. 环境污染与防治, 1997, 19(增刊): 39–41.

[54] 郑爱榕, 蔡阿根, 许伟斌, 等. 光合细菌和螺旋藻对啤酒废水的净化与利用. 环境科学学报, 1999, 19: 22–27.

[55] RANGSAYATORN N, UPATHAM E S, KRUATRACHUE M, et al. Phytoremediation potential of *Spirulina* (*Arthrospira*) *platensis*: biosorption and toxicity studies of cadmium. Environ Pollut, 2002, 119: 45–53.

[56] 李乐农, 郭宝江. 螺旋藻的培养及其分子生物学研究概况. 植物学通报, 1998, 15(增刊): 72–76.

[57] BUTTARELLI F R, CALOGERO R A, TIBONI O, et al. Characterization of the *str* operon genes from *Spirulina platensis* and their evolutionary relationship to those of other prokaryotes. Mol Gen Genet, 1989, 217: 97–104.

[58] SANANGELANTONI A M, TIBONI O. The chromosomal location of genes for elongation

factor Tu and ribosomal protein S10 in the cyanobacterium *Spirulina platensis* provides clues to the ancestral organization of the *str* and S10 operons in prokaryotes. J Gen Microbiol, 1993, 139: 2579–2584.

[59] 于平, 岑沛霖, 励建荣, 等. 螺旋藻基因工程研究进展. 科技通报, 2002, 18: 451–456.

[60] KERFELD C A, SAWAYA M R, BRAHMANDAM V, et al. The crystal structure of a cyanobacterial water–soluble carotenoid binding protein. Structure, 2003, 11(1): 55–65.

[61] 王景梅, 汪志平, 于金鑫, 等. 钝顶节旋藻(*Arthrospira platensis*)2–DE分析蛋白制备方法改进及试用于螺旋手性差异蛋白研究. 海洋与湖沼, 2013, 44(1): 141–147.

[62] 吴伯堂, 向文洲. 钝顶螺旋藻优良品系SCS的生理特性研究. 热带海洋, 1992, 11(1): 1–7.

[63] 谭桂英, 周百成. 钝顶螺旋藻优良品系S₆的生长特性及光合特性的研究. 海洋学报, 1993, 15(3): 89–93.

[64] VONSHAK A, CHANAWONGSE L. Light acclimation and photoinhibiton in three *Spirulina platensis* (cyanobacteria) isolates. J Appl Phyco, 1996, 8: 35–40.

[65] ROBINSON S J, DEROO C S, YOCUM C F. Photosynthetic electron transfer in preparations of the cyanobacterium *Spirulina platensis*. Plant Physiology, 1982, 70(1): 154–161.

[66] LANFALONI L, GRIFANTINI R, PETRIS A, et al. Production and regeneration of spheroplasts from the cyanobacterium *Spirulina platensis*. FEMS Microbiol Lett, 1989, 59: 141–146.

[67] PRIYA S K M, PRABHA T N, VENKATARAMAN L V. Preparation of protoplasts from the cyanobacterium *Spirulina platensis* and a novel viability assay. Lett in Appl Microbiol, 1994, 18: 241–244.

[68] 彭国宏, 施定基, 费修绠, 等. 螺旋藻原生质球的分离及其光合作用特性的研究. 植物学报, 1996, 38(11): 861–866.

[69] 郭后良, 赵以军. 钝顶螺旋藻(*Spirulina platensis*)原生质球制备和液泡分离. 中国科学基金, 2000, 14(6): 356–358.

[70] 秦松, 王希华, 童顺, 等. 钝顶螺旋藻部分原生质及单细胞的制备与培养. 海洋与湖沼, 1995, 26(1): 109–112.

[71] 唐欣昀. 螺旋藻遗传学研究进展. 微生物学通报, 1997, 24(5): 300–302.

[72] 汪志平, 钱凯先. 螺旋藻遗传育种研究进展. 微生物学通报, 2000, 27(4): 288–291.

[73] GE B, QIN S, HAN L, et al. Antioxidant properties of recombinant allophycocyanin

expressed in *Escherichia coli*. J Photochem Photobiol B, 2006, 84(3): 175−180.

[74] 姜晓杰, 高金亮, 祁美荣, 等. 钝顶螺旋藻别藻蓝蛋白α、β亚基基因的克隆及其原核表达. 中国生物制品学杂志, 2015, 28(4): 356−359, 363.

[75] QIN S, TONG S, ZHANG P J, et al. Isolation of plasmid from the blue−green alga *Spirulina platensis*. Chinese J Oceanol Limnol, 1993, 11 (3): 285−288.

[76] 曹学成, 汪志平, 杨灵勇, 等. 螺旋藻(*Spirulina*)基因组外DNA的高效提取与纯化. 海洋与湖沼, 2007, 38(3): 193−198.

[77] ZENG J Z, HU Z M, WANG D W, et al. Study on genetic transformation of the blue−green alga *Spirulina platensis*. Qingdao: Sino−Japan Symposium on Algal Genetic Engineering and Bioreactors, 1997: 18−19.

[78] HIROYUKI K, QIN S, THANKAPPAN A K, et al. Transposable genetic elements in *Spirulina* and potential applications for genetic engineering. Chin J Oceanol Limnol, 1998, 16: 30−39.

[79] RICCARDI G, SORA S, CIFERRI O. Production of amino acids by analog−resistant mutants of the cyanobacterium *Spirulina platensis*. J Bacteriol, 1981, 147 (3): 1002−1007.

[80] RICCARDI G, CELLA R, CAMERINO G, et al. Resistant to azetidine−2−carboxylic acid and sodium chloride tolerance in carrot cell cultures and *Spirulina platensis*. Plant & Cell Physiol, 1983, 24 (6): 1073−1078.

[81] COHEN Z, REUNGJITCHACHAWALI M, SIANGDUNG W, et al. Herbicide−resistant lines of microalgae: growth and fatty acid composition. Phytochemistry, 1993, 34 (4): 973−978.

[82] 龚小敏, 胡鸿钧. ⁶⁰Co−γ射线诱变钝顶螺旋藻的研究. 武汉植物学研究, 1996, 14 (1): 58−66.

[83] LI J H, ZHENG W. Characteristics of a high phycocyanin mutant of *Spirulina maxima* induced by ultraviolet irradiation. Qingdao: Sino−Japan Symposium on Algal Genetic Engineering and Bioreactors, 1997: 59.

[84] 赵炎生, 陈向东, 谈震. He−Ne激光诱变钝顶螺旋藻的初步研究. 光电子·激光, 1997, 8 (6): 471−474.

[85] 殷春涛, 胡鸿钧, 李夜光, 等. 中温螺旋藻新品系的选育研究. 武汉植物学研究, 1997, 15 (3): 250−254.

[86] 夏英武. 作物诱变育种. 北京: 中国农业出版社, 1997.

[87] 汪志平, 叶庆富, 崔海瑞, 等. 超长螺旋藻的选育及形态和生长特性初步研究. 核农学报, 1998, 12 (3): 146-150.

[88] 赵炎生, 尹鸿萍, 陈向东, 等. 倍频Nd:YAG脉冲激光诱变钝顶螺旋藻的初步研究. 光电子·激光, 1999, 10 (6): 563-564, 570.

[89] 陈必链, 庄惠如, 陈荣, 等. 钝顶螺旋藻突变株FBL的生理特性. 应用与环境生物学报, 2000, 6 (4): 321-325.

[90] 李建宏, 郑卫, 倪霞, 等. 两株钝顶螺旋藻紫外诱变的特征. 水生生学报, 2001, 25 (5): 486-490.

[91] 汪志平, 刘艳辉. 高产多糖钝顶螺旋藻新品系的选育及蛋白质SDS-PAGE鉴定. 核农学报, 2004, 18(5): 349-352

[92] 黄晖, 汪志平, 张巧生, 等. 高藻胆蛋白钝顶螺旋藻新品系的选育及RAPD分析. 核农学报, 2007, 21(6): 567-571.

[93] 李晋楠, 汪志平. 高质量螺旋藻基因组DNA制备技术的研究. 浙江大学学报, 2002, 28 (5): 533-536.

[94] 汪志平, 徐步进. 螺旋藻的电离辐射抗性及与多糖含量的关系. 核农学报, 2001, 15 (4): 229-233.

[95] CHEEVADHANARAK S, PAITHOONRANGSARID K, PROMMEENATE P, et al. Draft genome sequence of *Arthrospira platensis* C1 (PCC9438). Stand Genomic Sci, 2012, 6: 43-53.

[96] JANSSEN P J, MORIN N, MERGEAY M, et al. Genome sequence of the edible cyanobacterium *Arthrospira* sp. PCC 8005. J Bacteriol, 2010, 192: 2465-2466.

[97] FUJJSAWA T, NARIKAWA R, OKAMOTO S, et al. Genomic structure of an economically important cyanobacterium, *Arthrospira* (*Spirulina*) *platensis* NIES-39. DNA Res, 2010, 17: 85-103.

[98] XU T, QIN S, HU Y, et al. Whole genomic DNA sequencing and comparative genomic analysis of *Arthrospira platensis*: high genome plasticity and genetic diversity. DNA Research, 2016, 23(4): 325-328.

[99] 诸葛健, 赵振锋, 方慧英. 功能性多糖的构效关系. 无锡轻工大学学报, 2002, 21(2): 209-212.

[100] 张树政. 糖生物学与糖生物工程. 北京: 清华大学出版社, 2002.

[101] AJIT V, RICHARD C, JEFFREY E, et al. 糖生物学基础. 张树政, 朱正美, 王克夷,

译. 北京: 科学出版社, 2003.

[102] 方维明, 鲁茂林. 营养因子对灰树花多糖发酵的影响. 江苏农业研究, 1999, 20 (4): 65-68.

[103] 顾芳红, 马劲, 殷红, 等. 碳、氮源对猪苓菌丝生长与胞外多糖含量的影响. 西北大学学报(自然科学版), 2001, 31 (5): 437-440.

[104] 王关林, 石若夫, 方宏筠, 等. 培养基和培养条件对栀子悬浮细胞合成多糖的影响. 生物工程学报, 2001, 17 (6): 688-692.

[105] 瞿建宏, 刘韶斌. 水体中芽孢杆菌和微囊藻的生长及其资源竞争. 湛江海洋大学学报, 2002, 22 (3): 13-18.

[106] 李平作, 徐柔. 灵芝胞外多糖深层发酵培养基的优化. 无锡轻工大学学报, 1998, 17 (4): 26-30.

[107] 孙红斌, 刘梅森. 液态发酵猴头菌多糖工艺优化研究(Ⅰ)——碳、氮源对得率的影响. 食品与发酵工业, 2001, 27 (9): 30-33.

[108] 陈群, 李秀芹. 柱状田头菇液体发酵条件的研究及多糖含量的测定. 中国食用菌, 2001, 20 (3): 29-31.

[109] 顾宁琰, 刘宇峰. 紫球藻生物活性物质及其应用. 中国海洋药物, 2001, 6: 43-48.

[110] 谈峰, 邓君. 钾离子对牛膝多糖生物量和多糖含量的影响. 西南师范大学学报(自然科学版), 2001, 26 (6): 699-702.

[111] 赵明文, 吴燕娜. 蛹虫草产胞外多糖的液体优化培养条件研究. 中国食用菌, 2000, 19 (4): 30-32.

[112] 吴金勇, 郁达. 灵芝胞外多糖液体发酵培养基的优化. 山西师范大学学报(自然科学版), 2001, 15 (4): 59-63.

[113] 孙克, 敖宗华. 营养条件对灰树花产胞外多糖产量的影响. 无锡轻工大学学报, 2002, 21 (3): 273-276.

[114] 诸葛健, 方惠英, 赵振锋. 红曲霉发酵产胞外多糖工艺的优化. 无锡轻工大学学报, 2002, 21 (3): 288-291, 295.

[115] TISCHER R G, MOORE B G. An extracellular polysaccharide produced by *Palmella mucosa* Kütz. Archives of Microbiology, 49(2): 158-166.

[116] TISCHER R G, DAVIS E B. The effect of various nitrogen sources upon the production of exocellular polysaccharide by the blue-green alga *Anabaena* flos-aquae A-37. J Exp Bio, 1971, 22 (72): 546-551.

[117] SANGAR V K, DUGAN P R. Polysaccharide produced by *Anacystis nidulans*: its ecological implication. Appl Microbiol, 1972, 24 (5): 732–734.

[118] LUPI F M, FERNANDES H M. Influence of nitrogen source and photoperiod on exopolysaccharide synthesis by the microalgea botryocoddus braunii UC58. Enzyme Microbiol Technol, 1994, 16: 546–550.

[119] 朱凤英, 李环. 嗜盐隐杆藻生长及其产糖规律. 南京工业大学学报（自然科学版）, 2002, 24 (4): 57–60.

[120] HIROAKI S. Sulfated exopolysaccharide production by the halophilic Cyanobacterium *Aphanocapsa halophytio*. Current Micociobiology, 1995, 30: 219.

[121] 郑怡, 刘艳如. 培养条件对极大螺旋藻胞内和胞外多糖含量的影响. 中国海洋药物, 2001, 20 (6): 29–31.

[122] UTKILEN H. Toxin production by microcystis aeruginose as a function of light in continuous cultures and its ecological significance. Appl Environ Microbiol, 1992, 58 (4): 1321–1325.

[123] 李文权, 郑爱榕. 环境因子对高盒形藻生长及其生化组成的影响. 海洋学报, 1996, 18 (2): 50–56.

[124] 周慈由, 陈慈美. 环境因子对中肋骨条藻碳水化合物氨基酸和蛋白质含量的影响. 海洋技术, 1998, 17 (3): 66–70.

[125] 刘东艳, 孙军, 巩晶, 等. 不同氮、磷比例对球等鞭金藻生长的影响. 海洋水产研究, 2002, 23 (1): 29–32.

[126] DE PHILIPPIS R, SILI C, TASSINATO G, et al. Effects of growth conditions on expolysaccharide production by Cyanospira capulata. Bioresource Tech, 1991, 38: 101–104.

[127] 李环, 韦萍. 理化因子对嗜盐隐干藻细胞生长及胞外多糖产量的影响. 南京化工大学学报, 1999, 21 (3): 55–57.

[128] 欧瑜, 刘志礼. 盐生隐杆藻胞外多糖含量的影响因子. 植物资源与环境, 1997, 6 (2): 58–60.

[129] 李朋富, 刘志礼, 葛海涛, 等. 盐度和营养限制对盐生隐杆藻生长和胞外多糖产率的影响. 南京大学学报（自然科学版）, 2000, 36 (5): 585–591.

[130] 张欣华, 杨海波. 不同培养条件对海洋微藻多糖含量的影响. 生物学杂志, 2000, 17 (6): 17–18.

[131] GAN L, ZHANG S H, YANG X L, et al. Immunomodulation and antitumor activity by a

polysaccharide–protein complex from *Lycium barbarum*. International Immunopharmacology, 2004, 4(4): 563–569

[132] WANG C C, CHANG S C, CHEN B H. Chromatographic determination of polysaccharides in *Lycium barbarum* Linnaeus. Food Chemistry, 2009, 116(2): 595–603.

[133] CHIOVITTI A, HIGGINS M J, HARPER R E, et al. The complex polysaccharides of the raphid diatom *Pinnularia Viridis* (*Bacillariophyceae*). J Phycol, 2003, 39: 543–554.

[134] 马丽, 覃小林, 刘雄民, 等. 不同的脱蛋白方法用于螺旋藻多糖提取工艺的研究. 食品科学, 2004, 25(6): 116–119.

[135] WANG L, LI X X, CHEN Z X. Sulfated modification of the polysaccharides obtained from defatted rice bran and their antitumor activities. Int J Biol Macromol, 2009, 44(2): 211–214.

[136] 孙晓雪, 孙卫东, 史德芳. 仙人掌多糖提取过程中脱蛋白方法的研究. 天然产物研究与开发, 2007, 19(1): 117–119.

[137] 殷钢, 刘铮, 李琛, 等. 螺旋藻糖蛋白的分离纯化及其性质研究. 高等学校化学学报, 1999, 20(4): 565–568.

[138] YE H, WANG K Q, ZHOU C H, et al. Purification, antitumor and antioxidant activities *in vitro* of polysaccharides from the brown seaweed *Sargassum pallidum*. Food Chemistry, 2008, 111: 428–432.

[139] YU W, ZHAO Y. Chemiluminescence evaluation of oxidative damage to biomolecules induced by singlet oxygen and the protective effects of antioxidants. Biochim Biophys Acta, 2005, 1725: 30–34.

[140] SUN Z W, ZHANG L X, ZHANG B, et al. Structural characterisation and antioxidant properties of polysaccharides from the fruiting bodies of *Russula virescens*. Food Chemistry, 2010, 118: 675–680.

[141] CHANG X L, WANG C H, FENG Y M, et al. Effects of heat treatments on the stabilities of polysaccharides substances and barbaloin in gel juice from *Aloe vera* Miller. J Food Eng, 2006, 75(2): 245–251.

[142] TOIDA T, CHAIDEDGUMJORN A, LINHARDT R J. Structure and bioactivity of sulfated polysaccharides. Trends Glycosci Glyc, 2003, 15(81): 29–46.

[143] ZHAO X, XUE C H, LI Z J, et al. Antioxidant and hepatoprotective activities of low molecular weight sulfated polysaccharide from *Laminaria japonica*. Journal of Appl Phycol,

2004(2), 16: 111–115.

[144] LI X H, ZHANG G X, MA H M, et al. 4,5–Dimethylthio–4'–[2–(9–anthryloxy) ethylthi–o] tetrathiafulvalene, a highly selective and sensitive chemiluminescence probe for singlet oxygen. J Am Chem Soc, 2004, 126(37): 11543–11548.

[145] 刘宏, 赵金垣. 自由基在理化因素致肺癌中的作用. 环境与健康杂志, 2008, 25(1): 85–87.

[146] MATÉS J M, SÁNCHEZ–JIMÉNEZ F M. Role of reactive oxygen species in apoptosis: implications for cancer therapy. Int J Biochem Cell Biol, 2000, 32(2): 157–170.

[147] GONCALVES C, DINIS T, BATISTA M T. Antioxidant properties of proanthocyanidins of *Uncaria tomentosa* bark decoction: a mechanism for anti– inflammatory activity. Phytochemisty, 2005, 66: 89–98.

[148] 高萍, 周爱民. 恶性肿瘤患者红细胞免疫和细胞因子与自由基关系的研究. 第四军医大学学报, 2005, 26(10): 908–910.

[149] 黄进, 杨国宇, 李宏基, 等. 抗氧化剂作用机制研究进展. 自然杂志, 2004, 26(2): 74–78.

[150] 冉靓, 杨小生, 王伯初, 等. 抗氧化多糖的研究进展. 时珍国医国药, 2006, 17(4): 494–496.

[151] VOLPI N, TANIGI P. Influence of chondroitin sulfate charge density, sulfate group position, and molecular mass on Cu^{2+}–mediated oxidation of human low–density lipoprotcins: efect of normal human plasma– derived chondroitin sulfate. J Biochem, 1999, 125(2): 297–304.

[152] ZHU B W, ZHOU D Y, LI T, et al. Chemical composition and free radical scavenging activities of a sulphated polysaccharide extracted from abalone gonad (*Haliotis Discus Hannai* Ino). Food Chemistry, 2010, 121: 712–718.

[153] ZOU C, DU Y N, LI Y, et al. Preparation of lacquer polysaccharide sulfates and their antioxidant activity *in vitro*. Carbohydrate Polymers, 2008, 73(2): 322–331.

[154] MICHELINE C R S, CYBELLE T M, CELINA M G D, et al. Antioxidant activities of sulfated polysaccharides from brown and red seaweeds. J Appl Phycol, 2007, 19(2): 153–160.

[155] CHEN H X, ZHANG M, QU Z H, et al. Antioxidant activities of different fractions of polysaccharide conjugates from green tea (*Camellia Sinensis*). Food Chemistry, 2008, 106(2): 559–563.

［156］ZHANG Q B, YU P Z, LI Z, et al. Antioxidant activities of sulfated polysaccharide fractions from *Porphyra haitanesis*. Journal Appl Phycol, 2003, 15(4): 305-310

［157］QI H M, ZHAO T T, ZHANG Q B, et al. Antioxidant activity of different molecular weight sulfated polysaccharides from *Ulva pertusa* Kjellm(Chlorophyta). J Appl Phycol, 2005, 17: 527-534.

［158］ATHUKORALA Y, KIM K N, JEON Y J. Antiproliferative and antioxidant properties of an enzymatic hydrolysate from brown alga, *Ecklonia cava*. Food Chemical Toxicol, 2006, 44: 1065-1074.

［159］YANCOPOULOS G D, DAVIS S, NICHOLAS W G, et al. Vascular-specific growth factors and blood vessel formation. Nature, 2000, 407(14): 242-248.

［160］REINMUTH N, PARIKH A A, AHMAD S A, et al. Biology of angiogenesis in tumors of the gastrointestinal tract. Microsc Res Techniq, 2003, 60:199-207.

［161］曲维恺, 王宇. 肿瘤血管生成及抗肿瘤血管生成治疗实体肿瘤的研究进展. 中国实用外科杂志, 2000, 20(8): 492-493.

［162］张国锋, 王元, 王强. 消化道肿瘤的抗血管生成治疗. 世界华人消化杂志, 2001, 9(10): 1180-1184.

［163］JAIN R K. Normalization of tumor vasculature: an emerging concept in antiangiogenic therapy. Science, 2005, 307: 58-62.

［164］JUNG Y D, MANSFIELD P F, AKAGIA M, et al. Effects of combination anti-vascular endothelial growth factor receptor and anti-epidermal growth factor receptor therapies on the growth of gastric cancer in a nude mouse model. Eur J Cancer, 2002, 38: 1133-1140.

［165］刘宜敏, 梁碧玲. 血管内皮生长因子表达及微血管密度与放射敏感性. 国外医学(肿瘤学分册), 2003, 30(2): 145-146.

［166］YANG C M, ZHOU Y J, WANG R J, et al. Anti-angiogenic effects and mechanisms of polysaccharides from *Antrodia cinnamomea* with different molecular weights. J Ethnopharmacol, 2009, 123(3): 407-412.

［167］陈金联, 陆金来, 陈明祥, 等. N-去硫酸肝素对 SCID 小鼠胃癌血管生成和 VEGF 表达的影响. 世界华人消化杂志, 2005, 13(22): 2685-2688.

［168］LEALI D, BELLERI M, URBINATI C, et al. Fibroblast growth factor-2 antagonist activity and angiostatic capacity of sulfated *Escherichia coli* K5 polysaccharide derivatives. J Biol Chem, 2001, 276(41): 37900-37908.

[169] MISHIMA T, MURATA J, TOYOSHIMA M, et al. Inhibition of tumor invasion and metastasis by calcium spirulan (Ca–SP), a novel sulfated polysaccharide derived from a blue–green alga, *Spirulina platensis*. Clin Exp Metastasis, 1998, 16(6): 541–550.

[170] ENOMOTO K, OKAMOTO H, NUMATA Y, et al. A simple and rapid assay for heparanase activity using homogeneous time–resolved fluorescence. Journal of Pharmaceutical and Biomedical Analysis, 2006, 41: 912–917.

[171] PETRALIA G A, LEMOINE N R, KAKKAR A K. Mechanisms of disease: the impact of antithrombotic therapy in cancer patients. Clinical Trials Centre for Surgical Sciences, 2005, 2(7): 356–63.

[172] KLERK C P W, SMORENBURG S M, OTTEN H M, et al. The effect of low molecular weight heparin on survival in patients with advanced malignancy. Journal of Clinical Oncology, 2005, 23(10): 2130–2135.

[173] WARDA M, LINHARDT R J. Dromedary glycosaminoglycans: molecular characterization of camel lung and liver heparan sulfate. Comparative Biochemistry and Physiology B, 2006, 143: 37–43.

[174] MUÑOZ E, XU D, AVCI F. Enzymatic synthesis of heparin related polysaccharides on sensor chips: rapid screening of heparin–protein interactions. Biochemical and Biophysical Research Communications, 2006, 339(2): 597–602.

[175] MELO F R, PEREIRA M S, FOGUEL D, et al. Antithrombin–mediated anticoagulant activity of sulfated polysaccharides: different mechanisms for heparin and sulfated galactans. J Biol Chem, 2004, 279(20): 20824–20835.

[176] PEREIRA M S, MELO F R, MOURÃO P A S. Is there a correlation between structure and anticoagulant action of sulfated galactans and sulfated fucans? Glycobiology, 2002, 12 (10): 573–580.

[177] HOMMA R, MASE A, TOIDA T, et al. Modulation of blood coagulation and fibrinolysis by polyamines in the presence of glycosaminoglycans. The International Journal of Biochemistry & Cell Biology, 2005, 37: 1911–1920.

[178] URBINATI C, BUGATTI A, ORESTE P, et al. Chemically sulfated *Escherichia coli* K5 polysaccharide derivatives as extracellular HIV–1 Tat protein antagonists. FEBS Letters, 2004, 568: 171–177.

[179] MIAO B CH, GENG M Y, LIA J, et al. Sulfated polymannuroguluronate, a novel anti–

acquired immune deficiency syndrome (AIDS) drug candidate, targeting CD4 in lymphocytes. Biochemical Pharmacology, 2004, 68(4): 641-649.

[180] 高向东, 吴梧桐. 螺旋藻多糖抗肿瘤作用的研究. 中国药科大学学报, 2000, 31 (6): 458-461.

[181] 刘力生, 郭宝江, 阮继红, 等. 螺旋藻多糖对机体免疫功能的提高作用及其机理研究. 海洋科学, 1991, 6: 44-48.

[182] 曲显俊, 崔淑香. 螺旋藻多糖抗癌作用的实验研究. 中国海洋药物, 2000, 19 (4): 10-14.

[183] 刘宇峰, 张成武. 极大螺旋藻胞内多糖对人血癌细胞生长的影响. 中草药, 1999, 30 (2): 115-118.

[184] Patier. An anticancer activity of polysaccharide from *Spirulina platensis*. Appl Phycol, 1993, 5: 345.

[185] 李杨, 赖雁. 螺旋藻多糖抗肿瘤作用的研究进展. 临床荟萃, 2011, 26(2): 170-172.

[186] PARAGES M L, RICO R M, ABDALA-DÍAZ R T, et al. Acidic polysaccharides of *Arthrospira* (*Spirulina*) *platensis* induce the synthesis of TNF-α in RAW macrophages. J Appl Phycol, 2012, 24(6): 1537-1546.

[187] 杜玲, 扈瑞平, 穆文静, 等. 非洲乍得湖钝顶螺旋藻多糖对S180腹水瘤小鼠免疫抗肿瘤作用的实验研究. 天然产物研究与开发, 2014, 6: 957-960.

[188] 吕小华, 陈科, 陈文青, 等. 螺旋藻多糖对免疫低下小鼠的免疫调节作用. 中国医院药学杂志, 2014, 34(19): 1617-1621.

[189] 吕小华, 陈文青, 罗世英, 等. 螺旋藻多糖对CHB患者PBMC免疫功能的影响. 中国药理学通报, 2015, 8: 1121-1125.

[190] 陈宏硕, 李晓颖, 冯鹏棉, 等. 螺旋藻多糖抗H22肿瘤作用研究. 食品研究与开发, 2014, 5: 120-123.

[191] 王有顺. 螺旋藻多糖 (PS)对环磷酰胺 (CY)引起的BALB/C小鼠造血功能等损伤的保护作用. 海洋科学, 1997, 6: 36-39.

[192] 张洪泉, 尹鸿萍, 孙云, 等. 螺旋藻多糖抗肿瘤作用研究. 中药新药与临床药理, 2002, 13 (5): 284-286.

[193] 陈永顺, 李静, 贾晓栋, 等. 青蒿琥酯配伍螺旋藻多糖抗肝癌SMMC-7721细胞活性作用研究. 中外医学研究, 2013, 34: 142-143.

[194] 张志娟, 乔明霞, 郝言芝, 等. 复合螺旋藻多糖对人肝癌7402细胞的抑制作用. 陕西医学杂志, 2009, 38(3): 279-281.

[195] 乔明霞, 于蕾妍, 郝言芝, 等. 复合螺旋藻多糖对人胃癌 MGC 细胞的抑制作用. 时珍国医国药, 2009, 20(6): 1385–1386.

[196] 于蕾妍, 郝言芝, 乔明霞, 等. 复合螺旋藻多糖对人乳腺癌 231 细胞抑制作用的研究. 安徽农业科学, 2009, 37(3): 928–929.

[197] 刘永举, 贾玉辉, 唐超, 等. 复合螺旋藻多糖对 S180 荷瘤小鼠免疫功能的影响. 青岛农业大学学报(自然科学版), 2014, 1: 27–30.

[198] 盛玉青, 尹鸿萍. 螺旋藻多糖硫酸酯抗肿瘤及免疫活性的研究. 中国医院药学杂志, 2008, 28(9): 724.

[199] FANG Y, QUANMING T, XUEYUN Z, et al. Surface decoration by *Spirulina* polysaccharide enhances the cellular uptake and anticancer efficacy of selenium nanoparticles. International Journal of Nanomedicine, 2012, 7(19): 835–844.

[200] 唐玫, 郭宝江. 螺旋藻产业发展国际研讨会论文汇编. 1996, 206–208.

[201] HAYASHI K, HAYASHI T, KOJIMA, et al. A natural sulfated polysaccharide, calcium spirulan, isolated from *Spirulina platensis*: in vitro and *ex vivo* evalution of anti-herpes simplexvirus and anti-human immunodeficiency virus activities. AIDS Research and Human Retro-viruses, 1996, 12(15): 1463.

[202] HAYASHI T, HAYASHI K, MAEDA M, et al. Calcium Spirulan, an inhibitor of enveloped virus relication, from a blue-green alga *Spirulina plantesis*. Journal of Natural Products, 1996, 59(1): 83.

[203] 汪廷. 螺旋藻多糖在 2215 细胞培养中对乙型肝炎病毒表面抗原和 e 抗原及 HBV-DNA 的抑制作用. 江苏农业学报, 2000, 16(1): 41–46.

[204] 于红, 张文卿, 赵磊, 等. 钝顶螺旋藻多糖抗病毒作用的实验研究. 中国海洋药物, 2006, 5: 19–24.

[205] 左绍远, 万顺康. 螺旋藻多糖降血糖活性实验研究. 时珍国医国药, 2000, 11 (8): 677–678.

[206] 左绍远, 万顺康, 钱金祇. 钝顶螺旋藻多糖降血糖调血脂实验研究. 中国生化药物杂志, 2000, 21(6): 289–291.

[207] 李羚, 高云涛, 戴云, 等. 螺旋藻及螺旋藻多糖体外清除活性氧及抗氧化作用研究. 化学与生物工程, 2007, 24(03): 55–57.

[208] PONCE-CANCHIHUAMAN J C, PEREZ-MENDEZ O, HERNANDEZ-MUNOZ R, et al. Protective effects of *Spirulina maxima* on hyperlipidemia and oxidative-stress induced

by lead acetate in the liver and kidney. Lipids Health Dis, 2010, 9: 35.

[209] CHEONG S H, KIM M Y, SOK D E, et al. *Spirulina* prevents atherosclerosis by reducing hypercholesterolemia in rabbits fed a high-cholesterol diet. J Nutr Sci Vitaminol (Tokyo), 2010, 56(1): 34-40.

[210] MOURA L P, PUGA G M, BECK W R, et al. Exercise and *Spirulina* control non-alcoholic hepatic steatosis and lipid profile in diabetic Wistar rats. Lipids Health Dis, 2011, 10: 77.

[211] 王苏仪, 常雪莹, 赵帅, 等. 螺旋藻多糖对糖尿病大鼠血糖及抗氧化作用的影响. 职业与健康, 2015, 31(23): 3229-3231.

[212] 左绍远. 螺旋藻多糖对D-半乳糖所致衰老小鼠的作用. 中国生化药物杂志, 1998, 19(1): 15-18.

[213] 李春坚. 螺旋藻对小鼠的超氧化物歧化酶和谷胱甘肽过氧化物酶活性的影响. 广西医科大学学报, 1997, 14(3): 73-74.

[214] 周志刚, 刘志礼. 极大螺旋藻多糖的分离、纯化及其抗氧化特性的研究. 植物学报, 1997, 39(1): 77-81.

[215] 吴显劲, 黄斌, 孟庆勇. 钝顶螺旋藻多糖对辐射损伤小鼠细胞增殖的影响. 山东医药, 2005, 45(35): 8-9.

[216] 庞启深, 郭宝江, 阮继红. 螺旋藻多糖对核酸内切酶活性和DNA修复合成的增强作用. 遗传学报, 1988, 15(5): 374-376.

[217] 邓杨梅, 张洪泉. 紫外线诱发的人胚肺二倍体细胞DNA损伤修复的影响. 中国海洋药物, 2001, 2(80): 27-31.

[218] QISHEN P, GUO B J, KOLIMAN A. Radioprotecture effect of exact from *Spirulina platensis* in mousebon marrow cell studied by using the micronucleus test. Toxicology Letters, 1989, 48(2): 165-169.

[219] 郭宝江, 庞启深. 螺旋藻多糖对植物细胞辐射遗传损伤的防护效应. 植物学报, 1992, 34 (10): 809-812.

[220] 郭朝华, 张成武. 钝顶螺旋藻多糖对正常小鼠骨髓造血干细胞和粒-单核细胞系祖细胞的影响. 中华血液学杂志, 1996, 17(1): 32-33.

[221] 张成武, 吴洁. 钝顶螺旋藻的药用价值. 中国海洋药物, 1998, 17(4): 26-29.

[222] 徐惠, 于志洁. 螺旋藻多糖对小鼠的免疫学研究. 海军军事医学, 1996, 17(2): 10-11.

[223] ZHANG H Q, LIN A P, YUN S, et al. Chemo-and radio- protective effects of polysaccharide of *Spirulina platensis* on hemopoietic system of mice and dogs. Acta Pharmacologica

Sinica, 2001, 22(12): 1121-1124.

[224] 郭春生, 孙晓红, 葛蔚, 等. 高剂量复合螺旋藻多糖辐射保护作用研究. 时珍国医国药, 2008, 19(8): 1913-1914.

[225] 刘永举, 唐超, 葛蔚, 等. 复合螺旋藻多糖对小鼠抗辐射损伤的作用机制研究. 安徽农业科学, 2014(22): 7305-7306.

[226] HAYACAWA Y, HAYASHI T, HAYASHI K, et al. Heparin cofactor II-dependent antithrombin activity of calcium spirulan. Blood Coagulation and Fibrinolysis, 1996, 7(5): 554.

[227] 王书全, 李丽. 螺旋藻多糖抗疲劳作用研究. 食品工业科技, 2013, 34(22): 328-330.

[228] 何汝洪. 大螺旋藻的形态观察和培养试验. 水生生物学报, 1987, 11(4): 377-380

[229] 马增岭, JOSELITO M A, 高坤山. 钝顶螺旋藻形态、生长及光合作用对不同波段太阳辐射的响应. 水生生物学报, 2016, 40(3): 538-546.

[230] GIOVANNA R, SILVIO S, ORIO C. Production of amino acids by analog-resistant resistant mutants of thecyanobacterium *Spirulina platensis*. J Bacteriology, 1981, 147(3): 1002-1007.

[231] ZARROUK C. Contrabution a l' etude d' une cyanophycee. Influence de diverse facteurs physiques et chimiques sur la croissance et la photosynthese de *Spirulina maxima* (Setch et Gardner) Geitler. Ph. D. Thesis, University of Paris, 1966.

[232] 余叔文. 植物生理与分子生物学. 北京: 科学出版社, 1992.

[233] 曾昭琪, 魏印心. ^{60}Co-γ射线对单细胞绿藻 *Scencdesmus obliquns* (Turp) kuetzing生长影响的初步观察. 原子能科学技术, 1964, 1: 42-48.

[234] ZHANG X C, VANDER MEER J. A study on heterosis in diploid gametophytes red alga *Gracilaria tikvahiae*. Botanica Marina, 1987, 30: 309-314.

[235] LEWIN R A. Uncoiled variants of *Spirulina platensis*. Arch Hydrobiol, 1980, 60(1): 48-52.

[236] VAN EYKELENBURG C. Some theoretical considerations on the *in vitro* shape of the cross-walls in *Spirulina* spp. J Theor Biol, 1980, 82: 271-282.

[237] 肖性龙, 杨合同, 夏贤志, 等. 木霉菌的形态学和可溶性蛋白质电泳鉴定与分类. 山东科学, 2002, 15(1): 5-12.

[238] 宁红, 高荣, 王丽焕, 等. 新月弯孢菌及其近似菌菌落形态和可溶性蛋白电泳图谱比较分析. 植物保护, 2002, 28(5): 9-12.

[239] 工素英, 杨晓丽. 全细胞蛋白聚类分析的可行性探讨. 华中师范大学学报(自然科学版), 2000, 34(1): 88-91.

[240] 牛桂兰, 汤显春, 刘进学, 等. 金矿床区蜡状芽孢杆菌孢壁蛋白SDS-PAGE图谱及聚类分析. 微生物学杂志, 2002, 22(2): 24-25.

[241] FAN G Q, PENG H F, ZHAI X Q. Protein diversity of *Paulownia* plant leaves and clusters. Journal of Forestry Research, 2001, 12: 21-24.

[242] BRADFORD M M. A rapid and sensitive method for the quantitation of microgram quantities of protein utilizing the principle of potein-dye binding. Analytical Biochemisitry, 1976, 72: 248-254.

[243] LAEMMLI U K. Cleavage of structural proteins during the assembly of the head of bacteriophage T_4. Nature, 1970, 227: 680-685.

[244] 谷瑞升, 刘群录, 陈雪梅, 等. 木本植物蛋白提取和SDS-PAGE分析方法的比较和优化. 植物学通报, 1999, 16(2): 171-177.

[245] SARADA R, PILLAI M G, RAVISHANKAR G A. Phycocyanin from *Spirulina* sp: influence of processing of biomass on phycocyanin yield, analysis of efficacy of extraction methods and stability studies on phycocyanin. Process Biochemistry, 1999, 34: 795-801.

[246] ZHANG Y M, CHEN F, GUO S Y. The growth and phycocyanin content of *Spirulina platensis* in mixotrophic culture. J Guizhou Univ Techn, 1997, 26 (3): 64-69

[247] 张少斌, 燕安, 刘慧, 等. 温度对螺旋藻突变株(SP-Dz)生长及藻胆蛋白含量的影响. 水产科学, 2006, 25(7): 357-359.

[248] 王广策, 邓田, 曾呈奎. 藻胆蛋白的研究概况(Ⅱ)——藻胆蛋白的结构及其光谱特性. 海洋科学, 2000, 24(3): 19-22.

[249] 王庭健, 林凡, 赵方庆, 等. 藻胆蛋白及其在医学中的应用. 植物生理学通讯, 2006, 42(2): 303-307.

[250] 唐志红, 秦松, 吴少杰, 等. 镭普克的制备及对小鼠H22肝癌的抑制作用. 高技术通讯, 2004, 3: 83-86.

[251] 朱广廉, 钟海文, 张爱琴. 植物生理学实验. 北京: 北京大学出版社, 1990.

[252] HARING M A, SCHURING F, URBANUS J, et al. Random polymorphic DNA primers (RAPDs) as tools for gene mapping in *Chlamydomononas eugametos* (Cholophyta). J Phycol, 1996, 32:1043-1048

[253] RAJU T S, NAYAK N. A convenient microscale colorimetric method for terminal galac-

tose on immunoglobulins. Biochemical & biophysical research communications, 1999, 261（1）: 196–201.

[254] MICHEL D, GILLES K A, HAMILTON J K, et al. Colorimetric method for determination of sugars and related substances. Anal Chem, 1956, 23(3): 350.

[255] 蔡云清, 杨婕. 树花多糖的提取及含量的测定. 食品研究与开发, 2002, 23(6): 88–90.

[256] 阮继红, 庞启深, 郭宝江. 螺旋藻抗辐射的研究. 遗传, 1988, 10(2): 27–30.

[257] 李德远, 徐战, 王海滨, 等. 海带岩藻糖胶及褐藻胶抗辐射效应研究. 武汉食品工业学院学报, 1999, 2:18–22.

[258] PANG Q S, GUO B J, ADA K. Radioprotective effect of extract from Spirulina platensis in mouse bone marrow cells studied by using the micronucleus test. Toxicology Letters, 1989, 48: 165–169.

[259] 刘茜, 焦庆才, 刘志礼. 螺旋藻多糖及其药理作用的研究进展. 中国海洋药物, 1998, 65(1): 48–53.

[260] 刘嘉炼. 应用微生物. 台北: 华香园出版社, 1980.

[261] REICH H J, HONDAL R J. Why nature chose selenium. ACS chem Boil, 2016, 11(4): 821–841.

[262] 孙群, 牟世芬. 砷、硒价态的离子色谱法测定研究. 化学通报, 1991, 9: 42–44.

[263] 徐之勇, 李雪华, 杨雪峰. 家禽硒中毒症. 黑龙江畜牧兽医, 2011, 3: 34–36.

[264] SCHWARZ K, FOLTZ C M. Selenium as an integral part of factor–3 against dietary necrotic liver degeneration. Journal of the American Chemical Society. 1957, 79 :3292 – 3293.

[265] 颜学先, 王鼎年. 硒谷胱甘肽过氧化酶——一种重要的含硒蛋白. 重庆医科大学学报, 1989, 14(3): 252–256.

[266] 李方正, 吴方, 徐进宜. 有机硒化合物及其生物学活性的研究进展. 药学与临床研究, 2016, 2: 139–144.

[267] 陈秀芸, 滑静, 杨佐君, 等. 不同硒源及水平对蛋用种公鸡肝脏中硒含量、抗氧化性及基因表达的影响. 动物营养学报, 2013, 25(9): 2126–2135.

[268] 毕殿漠, 宣传忠. 高硒玉米与加硒饲料喂饲猪鸡的对比试验. 黑龙江畜牧兽医, 1990, 8: 21–21.

[269] 尚俊英, 谢裕安, 陈文彰, 等. 螺旋藻硒多糖组分的提纯及其体外抗肿瘤作用. 中国肿瘤生物治疗杂志, 2010, 17(6): 630–633.

[270] 黄峰, 郭云飞, 陈昱, 等. 螺旋藻（Spirulina platensis）生物转化富硒形态对自由基的清

除作用. 暨南大学学报(自然科学与医学版), 2015, 36(3): 202-207.

[271] 崔乔, 尚德静, 邹霞. 硒多糖的研究进展. 中国生化药物杂志, 2003, 24(3): 155-157.

[272] 徐暄, 王玉凤, 孙其文. 食品中硒检测技术研究进展. 理化检验: 化学分册, 2012, 48(3): 364-367.

[273] 高先娟. 紫外可见分光光度法检测硒酵母片中硒的含量. 微量元素与健康研究, 2014, 31(6): 75-77.

[274] 张惟杰. 糖复合物生化研究技术. 2版. 杭州: 浙江大学出版社, 1999.

[275] 陈昕, 尹鸿萍, 王旻. 等电点除蛋白的pH对螺旋藻酸性多糖硫酸基团含量的影响. 药物生物技术, 2004, 11(6): 381-384.

[276] 伏军胜, 郝红梅, 张众. 电感耦合等离子体原子发射光谱内标法测定铝钼锆合金中钼锆. 材料开发与应用, 2016, 31(1): 78-82.

[277] KIM Y O, PARK H W, KIM J H, et al. Anti-cancer effect and structural characterization of endo-polysaccharide from cultivated mycelia of *Inonotus obliquus*. Life Science, 2006, 79(1): 72-80.

[278] 周鸿立, 杨晓红, 李春华, 等. 玉米须多糖sevag法脱蛋白的方法研究. 安徽农业科学, 2010, 38(28): 15517-15518.

[279] 阿吾提·艾买尔, 古力齐曼·阿布力孜, 迪丽努尔·马里克. 响应曲面法优化野蔷薇根多糖脱蛋白工艺的研究. 应用化工, 2015, 44(11): 2006-2010.

[280] 冯颖, 赵丽芳, 陈晓鸣, 等. 翘鳞肉齿菌粗多糖提取和抗肿瘤试验研究. 西南林学院学报, 2000, 20(2): 117-120.

[281] 盛海林, 涂家生. 球面对称设计在药剂学上的应用. 中国药科大学学报, 1996, 27(4): 211-214.

[282] 潘秋文, 高向东, 盛海林. 螺旋藻多糖的提取工艺研究. 医药导报, 2004, 23(9): 667-668.

[283] 王永斌, 王允祥. 雷蘑胞外多糖分离提取工艺优化研究. 中国酿造, 2007, (5): 32-37.

[284] 张琳华, 高瑞昶, 许明丽. 桑叶中多糖提取分离工艺的研究. 中草药, 2005, 36(4): 534-537.

[285] 熊莉, 王承明. 花生粕多糖去蛋白方法的研究. 食品科技, 2010, 9: 219-222.

[286] 郭涛, 韦璇, 王慧, 等. 2个低直链淀粉含量籼稻突变体的遗传分析. 华南农业大学学报, 2009, 30(1): 10-13.

索　引